水利工程施工与河道维护

潘武汉　亓会中　刘旭东／主　编

中国商业出版社

图书在版编目（CIP）数据

水利工程施工与河道维护 / 潘武汉，亓会中，刘旭东主编. -- 北京 : 中国商业出版社, 2023.12
ISBN 978-7-5208-2838-3

Ⅰ. ①水… Ⅱ. ①潘… ②亓… ③刘… Ⅲ. ①水利工程—工程施工②河道整治 Ⅳ. ①TV512②TV85

中国国家版本馆CIP数据核字（2023）第247160号

责任编辑：许启民
策划编辑：武维胜

中国商业出版社出版发行
（www.zgsycb.com　100053　北京广安门内报国寺1号）
总编室：010-63180647　编辑室：010-83118925
发行部：010-83120835/8286
新华书店经销
天津和萱印刷有限公司印刷

*

787毫米×1092毫米　16开　13 印张　223千字
2023年 12月第 1 版　2023年 12月第 1 次印刷
定价：65.00 元

* * * *

（如有印装质量问题可更换）

编委表

主　编

潘武汉　潍坊市白浪河水库运营维护中心

亓会中　山东省调水工程运行维护中心潍坊分中心

刘旭东　河北省承德市隆化县水务局

副主编

刘利云　山西水务工程建设监理有限公司

唐同庆　江苏舜图建设科技有限公司

前言

水利工程是人类利用水资源、保障用水安全和水环境保护的基础性工程，涉及领域广泛，工程类型多样。随着社会的发展和科技的进步，水利工程在国民经济中的地位日益凸显。为了满足人们对水资源的需求，保障水利工程的安全与稳定，不仅需要掌握水利工程施工的技术和方法，还需要对河道进行科学的管理和维护。在水资源紧缺和水环境污染的背景下，深入了解水利工程施工技术与河道维护管理变得尤为重要。

本书的主要内容包括水利工程施工与管理、水资源管理与河道维护两个部分。在水利工程施工与管理部分，从水利工程的基础知识入手，逐步深入各个施工环节，包括地基处理、爆破施工、岩基施工、土石方与混凝土工程施工等。此外，本书还研究水工建筑物施工、泵站与水电站施工等方面的内容，为读者提供全面的水利工程施工指导。在水资源管理与河道维护部分，重点探讨水资源的节水措施与开发利用、水资源管理及其污染控制、河道设计与管理的相关问题，以及河道建设的植物措施与治理技术等。

本书的特点为系统性和实用性，从水利工程施工到水资源管理，再到河道维护，内容覆盖水利工程的各个方面，通过详细阐述水利工程施工的各个阶段和技术要求，帮助读者了解水利工程建设的全貌，提高施工管理的水平和效率。同时，本书对水资源和河道的管理及维护进行深入探讨，为读者提供有关水资源保护、河道治理等方面的知识和方法。

在本书的创作过程中，笔者深感荣幸并由衷地感谢各位专家学者的悉心帮助和热情指导。这本书的成功得益于各位学者的专业见解和深厚学识，无论在理论深度还是在实践经验上，他们的宝贵建议都使本书的质量得以提升。由于笔者水平有限，加之时间仓促，书中所涉及的内容难免有疏漏之处，希望各位读者多提宝贵意见，以便笔者进一步修改，使之更加完善。

目　录

第一章　水利工程与河道基础

随着我国社会经济的不断发展，在水利工程建设过程中相关施工技术的要求越来越高，需要与城市社会经济发展进程相互关联，并将生态、景观融合到水利工程河道规划设计中，促进河道规划设计不断完善。本章主要阐述水利工程的认知、河道及其生态建设、基于生态水利工程的河道规划设计。

第一节　水利工程的认知

一、水利工程与水工建筑物

水是人类赖以生存和社会生产不可缺少而又无法替代的物质资源。由于自然界的水能够循环，并逐年得到补充和恢复，因此，水资源是一种不仅可以再生而且可以重复利用的资源，是大自然赋予人类的宝贵财富，哺育着人类，人们也习惯把不断供给其水资源的江河称为母亲河。然而，地球上的水资源总量是有限的，而且在时间上和空间上分布很不均匀，天然水源和用水之间供需不相适应的矛盾非常突出。根据国民经济各用水部门的需要，合理地开发、利用和保护水资源，保证水资源的可持续利用和国民经济的可持续发展，是水利工作者的重要责任。

（一）水库的基本特性

1.水库的作用

天然河道的来水量在各年间及一年内都有较大的变化，它与人们在相应时间的用水量往往存在着矛盾，来水量少而用水量多时会发生旱灾；来水量多而河道不能容纳时则会发生洪涝灾害，解决这一矛盾的主要措施是兴建水库。水库在水多时把水蓄积起来，然后根据用水需求适时适量地供水，同时在汛期可以起到削减洪峰、减除灾害的作用。这种把来水按用水要求在时间和数量上重新分配的作用，叫作水库的调节作用。根据调节周期的长短，水库可分为日调节水库、月调节水库、年调节水库和多年调节水库。水库不仅可以使水量在季节间重新分配，满足灌溉、供水和防洪要求，同时可以利用大量的蓄水抬高水位，满足发电、航运及水产养殖等用水部门的需求。因此，兴建水库是综合利用水利资源的有效措施。

2.水库的水位

（1）正常高水位。正常高水位，也称设计蓄水位或兴利水位，是水库在正常运用情况下允许经常保持的最高水位，即为了保证枯水期正常用水，水库在丰水期后期需要达到的水位。它是确定水工建筑物的尺寸、库区淹没及水电站出力等指标的重要数据。

（2）设计洪水位和校核洪水位。水库在正常运用情况下，当发生设计洪水时，水库达到的最高水位称为设计洪水位。当发生校核洪水时，水库达到的最高水位称为校核洪水位。水工建筑物必须对这两种水位进行设计和校核。

（3）汛前限制水位。在汛期到来之前，为了保证水库的防洪安全，必须控制水库水位在一个较低的水平。这一限制水位是根据水库的防洪设计标准和汛期预测的降雨量来确定的，目的是为即将到来的汛期腾出足够的库容，以应对可能发生的洪水。

（4）死水位。死水位指在水库正常运用情况下允许消落的最低水位。即为满足淤沙或灌溉、发电、航运、供水、养鱼以及旅游等需要，水库必须保持的最低水位。通常死水位是由水库淤积年限、发电最小水头和灌溉最低水位等因素确定。

3.水库的库容

（1）水库死水位以下的库容称为死库容，它不能起水量调节作用，但可以淤积泥沙。

（2）死水位和正常高水位之间的库容称为兴利库容，兴利库容起水量调节作用。

（3）设计洪水位和汛前限制水位之间的库容称为设计调洪库容。

（4）校核洪水位和汛前限制水位之间的库容称为校核调洪库容。

（5）正常高水位和汛前限制水位之间的库容称为共用库容，汛前限制蓄水，腾出库容以利防汛，汛后蓄水用于兴利。

（6）校核洪水位以下至库底的所有库容称为总库容。

（二）水利枢纽及水工建筑物

1.水工建筑物的基本类型

水工建筑物的种类繁多，形式各异，按其在枢纽中所起的作用可以分为以下类型：

（1）挡水建筑物。挡水建筑物用于拦截江河，形成水库或壅高水位。例如，各种材料和类型的坝及水闸；为防御洪水或阻挡海潮，沿江河海岸修建的堤防、海塘等。

（2）泄水建筑物。泄水建筑物用于宣泄多余水量，排放泥沙和冰凌，或为人防、检修而放空水库等，以保证坝和其他建筑物的安全。水利枢纽中的泄水建筑物可以与坝体结合在一起，如各种溢流坝、坝身泄水孔；也可设在坝体以外，如各式岸边溢洪道和泄水隧洞等。

（3）输水建筑物。输水建筑物是为满足灌溉、发电和供水的需要，从上游向下游输水用的建筑物，如引水隧洞、引水涵管、渠道、渡槽、倒虹吸等。

（4）取（进）水建筑物。取（进）水建筑物是输水建筑物的首部建筑，如引水隧洞的进口段、灌溉渠首和供水用的进水闸、扬水站等。

（5）整治建筑物。整治建筑物用于改善河流的水流条件，调整水流对河床及河岸的作用，以及为防护水库、湖泊中的波浪和水流对岸坡的冲刷。如丁坝、顺坝、导流堤、护底和护岸等。

（6）专门建筑物。专门建筑物是为灌溉、发电、过坝需要而兴建的建筑物。如专为发电用的压力前池、调压室、电站厂房；专为渠道或航道设置的沉沙池、冲沙闸；专为过坝用的船闸、升船机、鱼道、过木道等。

2.水工建筑物的主要特点

（1）水利工程的工程量通常都非常大，因为水利工程常常涉及大规模的水资源管理和调配。例如，大坝和水库的建设需要处理大量的土石方工程，以及大规模的混凝土浇筑工作。同时，引水渠和输水管道的铺设通常也需要大面积的土地和材料资源。这些工程量要求工程师和施工人员在规划或施工中具备高度的组织以及管理能力。

（2）水利工程的投资通常都相当庞大。由于工程量大，所需的材料和设备成本也会相应增加。此外，水利工程需要长期的投资和维护，因为它们的功能通常是持久的，需要长期运行和维护。这就需要政府、企业或投资者做出长期的财政承诺，确保工程的可持续性和可靠性。

（3）水利工程的工期通常都很长。由于复杂的设计和大规模的施工，水利工程通常需要数年甚至更长的时间来完成。例如，大坝和水库的建设可能需要数年，而引水渠和输水管道的铺设也需要相当长的时间。这就要求工程团队在整个工程周期内保持高度的专业知识和承诺，以确保工程的顺利进行。

二、水利工程建设与学科发展

（一）水利工程建设与水力学的内容和发展

1.水力学的性质与内容

水力学是研究以水为代表的平衡和机械运动的规律及其应用的一门学科，是力学的一个分支，属于应用力学的范畴。水力学在工农业生产的许多部门，如农田水利、水力发电、航运、交通、建筑、石油、化工等都有应用。针对不同的专业问题，水力学学科又形成了工程水力学、计算水力学、生态环境水力学、冰水力学等。水力学是在人类与水、旱灾害作斗争的过程中发展起来的，并随着水利工程的发展而发展，在水利水电工程建设中发挥着重要作用。

水力学所研究的基本规律分为水静力学和水动力学两大部分。水静力学研究液体在平衡或静止状态下的力学规律；水动力学研究液体在运动状态下的力学规律。利用这些规律可解决许多实际工程问题。

2.水力学在水工建设中的发展

水利事业的发展带动了水力学学科的发展，水力学理论的研究和发展为水利水电工程建设发挥了重要的作用。千百年来，人类在治河防洪的生产实践中不断地积累经验，使人们对水流运动的规律从不了解到了解，并逐步懂得了如何利用这些规律解决工程实际问题。我国大量的水利工程建设推动了水力学的发展和研究。我国治淮、治黄、长江规划、水力发电、大型灌溉、长江三峡等水利工程中的复杂水力学问题，如大、中、小型工程的下游消能问题，高水头水工建筑物水力学问题，泥沙异重等问题的研究和解决，使水力学的研究达到一个新的水平，促进了水利事业的发展，使水工建设的水平达到新的高度。

水工建设中水工设计、规划、施工、管理都离不开水力学问题。如设计水工建筑物水闸时，只有通过水力设计，才能确定闸孔的尺寸和下游的消能防冲措施的构造、尺寸。通过对葛洲坝、三峡工程水力学问题的研究和解决，进一步提高了我国水工规划、设计、施工、管理的水平和能力。

（二）水利工程建设与土力学的内容和发展

1.土力学的性质与内容

土力学是以力学为基础，结合土工试验来研究土的强度和变形及其规律的一门技术学科，主要任务是正确反映和预测土的力学性质，确定各类工程的土体在各种复杂环境下的变形和强度稳定性的需要。由于土是一种复杂的多相体系，研究时要考虑各种因素对变形和稳定的影响。例如，土体饱和程度的变化，物理状态的变化，渗流和孔隙压力的存在，土与结构的相互作用、温度、时间、湿度等。随着科学的发展，土力学的研究领域也在不断扩大，如冻土力学，岩土工程中的水文地质灾害的成因、预报和防治等。它将在工程建设中解决复杂的工程问题。

土力学是利用力学知识和土工试验技术来研究土的强度、变形及规律性的一门学科。土力学是力学的一个分支，但由于它研究的对象土是以矿物颗粒组成骨架的松散颗粒集合体，其力学性质与一般刚性或弹性固体、流体等都有所不同。因此，一般连续体的力学规律，在土力学中应结合土的特殊情况做具体应用。此外，还要用专门的土工试验技术来研究土的物理力学性质。土力学的研究内容，主要包括以下方面：

（1）土的物理力学性质、土工试验的基本原理和操作方法。主要包括土的物理性质及指标、力学性质及指标以及土的工程分类。土的力学性质主要是指土的抗剪强度、土的渗透性、土的压缩性及土的压实性。

（2）土体在承受荷载和自重作用下的应力计算、应力分布，以及对周围环境的影响，土体的变形和稳定性。

（3）建筑物设计中有关土力学内容的计算方法，包括地基承载力，土坡的稳定性，挡土结构土压力，基础设计等。

2.土力学在水工建设中的发展

在工程建设中，特别是在水利工程建设中，土被广泛用作各种建筑物的地基、材料和周围介质。当在土层上修建房屋、堤坝、涵闸、渡槽、桥梁等建筑物时，土被用作地基。当在修建土坝、土堤和路基等土木建筑物时，土还被用作填筑材料（土料）。当在土层中修建涵洞及渠道时，土又成为建筑物的周围介质。在工程建设中，勘测、设计、施工都与土有关系，自然就离不开土力学的基本知识。

（1）勘测阶段。勘测阶段要为设计收集资料，因此必须根据土的多样性、复杂性特点，了解土的物理力学性质，重视土地工程地质勘探，取样和土工试验工作，充分研究土的类别、性质和状态，针对具体工程进行分析，区别利用。有许多工程在此阶段对地基或填土的基本资料分析、研究得不够而造成浪费和工程事故。

（2）设计阶段。水工建筑物设计的基本理论，有许多基于土力学的知识，如设计土坝，需要选择土料和坝型，土坝的断面形式、尺寸是否合适，坝坡能否产生滑动，土坝的坝基及下游是否产生渗透变形。又如水闸的地基是否稳定，沉降量是否过大，挡土结构在土的压力作用下是否稳定等。总之，在水工稳定性分析及结构设计中都离不开土力学的基本理论和方法。只有依据这些理论和方法，才能确定经济安全的建筑物合理形式和断面尺寸。

（3）施工、管理运用阶段。在土坝的施工中要用碾压方法压实填土，而碾压质量控制和施工要求都与土的压实性有关。在施工中运用时要充分了解和掌握土的易变性特点，即土的性质易随外界的温度、湿度、压力等的变化而发生变化。注意加强观测，及时采取有力措施，以保证建筑物的安全。

（三）水利工程建设与工程力学的内容和发展

1.工程力学的性质与内容

工程力学是研究工程结构的受力分析、承载能力的基本原理和方法的学科。工程力学是工程技术人员从事结构设计和施工必须具备的理论基础。水利工程建设、房屋建筑和道路桥梁等各种工程的设计及施工中都要涉及工程力学问题。为了承受一定荷载以满足各种使用要求，需要建造不同的建筑物，如水利工程中的水闸、水坝、水电站、渡槽、桥梁、隧洞等。

工程力学的研究对象是杆件结构和二维平面实体结构。任务包括：①研究结构的组成规律、合理形式以及结构计算简图的合理选择；②研究结构内力及变形的计算方法以便进行结构强度和刚度的验算；③研究结构的稳定性。

在实际工程中，建筑物的主要作用是承受荷载和传递荷载。由于荷载的作用，组成建筑物的构件会产生变形，并且存在着发生破坏的可能性。而构件本身具有一定的抵抗变形和破坏的能力，这种能力被称为承载能力。构件承载能力的大小与构件的材料性质、几何形状和尺寸、受力性质、构件条件和构件情况有关。构件所受的荷载与构件本身的承载能力是矛盾的两个方面。因此，在结构设计中利用力学知识，既要对荷载进行分析和计算，也要对构件承载能力进行分析与计算，这种计算表现为三个方面：强度、刚度、稳定性。因为水工建筑物构件所用材料多为钢筋混凝土或混凝土，所以工程结构设计的任务就是研究钢筋混凝土或混凝土结构构件的设计计算问题，根据各种钢筋混凝土或混凝土构件的受力特点，结合材料的特性，研究各类构件的强度、刚度、裂缝的计算及配筋和构造知识。

2.工程力学在水利工程建设中的发展

工程力学在水工建设中是不可缺少的，它主要解决建筑物本身的可靠性，以及进行稳定、强度、变形校核，以确定截面尺寸及配筋和抗裂、限裂的要求。工程力学和工程结构是在生产实践和科学实验的基础上发展起来的，我国古代劳动人民在房屋建筑、桥梁工程和水工建筑方面取得了辉煌成就，如赵州桥、都江堰等。

随着国际上岩土力学、混凝土力学、流体力学以及有关数值方法的发展，水工结构学科的力学基础有了很大的进步，为更加深入地了解水工建筑物（如大坝）工作状态和破坏机理提供了研究手段。尽管我国在以往的工程实践和研究中积累了大量的理论成果以及丰富的实践经验，许多技术处于世界领先水平，但我国水工结构学科的基础研究仍有待提高。

（四）水利工程建设与工程水文学的内容与发展

1.工程水文学的性质与内容

水文学和水资源学是水资源可持续利用的科学基础，是水利类专业技术基础课。它为水利工程设计以及管理提供基本水文知识和水利计算方法。水文学是研究地球上水的时空分布与运动规律，并应用于水资源开发利用与保护的学科，水资源学是水文学在水文循环领域的延伸。

水文学的学习是要求学生了解水文测验的一般方法，能收集水文计算与径流调节所需的基本资料；初步掌握水文计算与径流调节的基本原理和主要方法；从事中小型水利水电工程规划设计的水文计算及以灌溉为主的水库径流调节计算和一般调洪计算。为进行方案比较，进一步确定工程规模和运行管理提供水文依据。

工程水文学包括水文计算、水利计算和水文预报等内容。水文计算的任务是在工程规划设计阶段确定工程的规模。规模过大，会造成工程投资上的浪费；规模过小，又使水资源不能被充分利用。在工程施工阶段，需要提供一定时期的水文预报。而在管理运营阶段，工程水文学的主要任务是使建成的工程充分发挥作用，因此需要一定时期的水文情况，以便确定最经济合理的调度方案。

2.工程水文学在水工建设中的发展

水文学经历了由萌芽到成熟、定性到定量、经验到理论的发展过程。我国的水文知识在古代是居于世界领先地位的。近年来，城市建设、动力开发、交通运输、工农业用水和防洪等水利工程建设的发展，促进了水文科学的迅速发展。水文站网不断扩大，实测资料积累丰富，为水文分析研究提供了前所未有的条件，应用水文学取得了许多新的进展。随着电子计算技术的发展，出现了水文数学模型，为水文科学的进一步发展开创了新道路。

第二节　河道及其生态建设

一、河道的特点及植物资源

（一）河道的概念

自古以来，河流带给人类繁衍生息所需的肥沃土壤、水源、水产品等物质资源，宣泄多余的洪水、涝水以保护人类家园，提供方便、低廉的交通运输条件，营造适宜的气候环境和异彩纷呈的视觉景观。为此，世界各大主要文明无一例外地发祥于河流两岸，世界各大主要城市也都临水而建设、发展，足见河流在人类社会生存发展过程中起着重要作用。河流是降到地表的雨水、积雪、冰川和涌出地面的地下水等通过重力作用，由高向低，在地表低处呈带状流淌的水流及其流经土地的总称。人们为了达到航运、取水和防洪排涝等目的，对河流实施疏浚、拓宽、护岸、筑堤，甚至缩窄、裁弯、取直等整治工程，使其满足人类生存和发展的需要。目前，我国许多河流都进行了人工改造。河道是水流的通道，是指河流及其两岸堤防（或河岸线）之间的水面、边滩、沙洲等构成的整体。河道具有行洪排涝、供水灌溉、输水排沙、交通航运、水量调蓄、水质保护、渔业水产、景观休闲、生态环境、水能发电等功能。

（二）河道的特点

我国幅员辽阔，地形多样，气候复杂，发育形成数量众多的河流（河道）。但由于气象水文、地形地貌等条件不同，地区之间存在着显著差异。根据河道流经区域的地貌特征，可将河道划分为山丘区河道、平原区河道和沿海区河道三大类型。

山丘区河道是山区河道和丘陵区河道的总称。山区河道的水系格局与河流走向受构造运动的影响很大，以侵蚀下切为主，由于沿程构造和岩性的变化，常发育形成宽窄相间的藕节状外形和特殊的河形，两岸缺少宽阔的河漫滩，常有明显可辨的台地；河床断面多为窄深的V字形或U字形；纵坡一般较陡，局部形态极不规则，急滩深潭上下交替。山区河道一般不利于航行，但水力资源较为丰富。丘陵区河道相对于山区河道来说，河流坡度减缓，下切力减弱，侧向侵蚀力加强，河槽变宽，两岸有滩地，河床较稳定。

平原区河道流经地势相对平坦，水流开始向平面扩散，加以坡降迅速减缓，导致水流速度降低，泥沙淤积增加，河床断面多为U字形或宽W字形，较为宽浅，一些河道还存在双向流现象。平原区河道密度大，往往形成河网。沿海地区地势平坦，河港交错，形成沿海河网。

沿海区河道的几何形状和水动力学特征等与平原区河道相似，但也有其特殊性，如河道土质含沙量高而土壤颗粒之间凝聚力低、稳定性差，岸坡土壤含盐量较高，河道岸坡易遭台风风蚀和暴雨侵蚀等。河口区河道也纳入沿海区河道的范围，这些区域的河道大多受潮汐影响。

河流有其自身产生、发展、演变的客观规律。河流生态系统是一个四维系统，即具有纵向、横向、竖向和时间尺度的生态系统。纵向上，从河源到河口，河流是一个线性系统，根据河道流经区域的地形地貌特征，可将河道分为山丘区河道、平原区河道和沿海区河道；按照河道流经的区域不同，可将河道分为城市（镇）河段、乡村河段和其他河段。横向上，河道与周围的河滩、静水区、河汊等形成了复杂的系统，而河岸带（边滩和岸坡）形成了河道坡面系统。

依据河道水位及其变化特征，将河道坡面系统分为常水位至河底（边滩）、常水位至设计洪水位之间坡面（水位变动区）、设计洪水位至坡顶坡面和坡顶平面（坡顶附近区域）共四个坡段。竖向上，河床、边滩、台地等具有不同高程，并发挥着不同作用；与河流发生相互作用的垂直范围不仅包括地下水对河流水文要素和化学成分的影响，还包括生活在河床底质中的有机体与河流的相互作用。时间尺度上，河道生态系统处于动态变化中，每个河流生态系统都有它自己的历史和随着时间变化而演变的特点。河道水域生态系统就是随着降水、汇流及潮水涨落等条件在时间与空间中扩展或收缩的动态系统。河流生态系统与陆地生态系统相互依存，在联系陆地生态系统与海洋生态系统中起着桥梁和纽带的作用，联结陆地生态系统与海洋生态系统之间的物质流、能量流与信息流。

（三）河道植物资源

河流生态系统兼具水体和陆地的综合特征，生境复杂多样，是各种生物的重要栖息地。河岸带是水域与陆域间的过渡带，是两种生境交汇的区域，由于异质性高，适宜多种生物生长、发育，显著优于陆地或单纯水域。植物作为河流生态系统的重要组成部分，从水体到河岸依次分布着沉水植物、浮水植物、挺水植物、湿生植物、中生植物等的层状结构。另外，河口地区分布着滨海盐生沼泽，热带及亚热带地区有红树林植被等。

我国地域广阔，河道类型多样、生境复杂，河道植物种类相对丰富。目前我国河道植物以禾本科、莎草科、菊科、唇形科、蓼科、毛茛科、藜科、蔷薇科、豆科种类居多。河道植物区系的性质为温带特性，植物生态类型有中生植物、湿生植物、水生植物、旱生植物等，其中旱生植物主要分布在我国荒漠地区的河道。河道植被类型有木本植被和草本植被，以草本植被为主。植被类型分布受自然条件的影响和自然分异规律控制，在植被起源上，多为自然起源；在寒温带、温带湿润半湿润地区，以苔草、芦苇植被为主；在暖温带、亚热带湿润半湿润地区有多种河道植被，如枫杨林、江南桤木林、水杉林、柳林、杨林、芦苇、水烛、苔草、荻、狗牙根、菱群落等；在滇西南山区和东南沿海平原的热带湿润气候区，以热带植物组成的河道植被为主。另外，河口地区生活着特有的盐沼或红树林植被等。

二、河道生态建设的现状与趋势

（一）我国河道建设现状

20世纪90年代后期，由于全球生态环境恶化加剧，保护生态环境的呼声日益强烈，同时受欧美等一些发达国家的影响，我国开始重视在河道治理中保护河流生态系统，着手研究在工程建设中应用生态修复技术实现河道生态系统的保护。

全国各地建设了一批生态河堤试验工程，具有代表性的工程包括广西壮族自治区桂林市漓江生态河道建设工程、四川省成都市府南河望江公园多自然型护岸试验工程、浙江省海宁市平原生态河道试点工程等。

目前我国河道建设面临着挑战和机遇。一方面，我国在城市化和工业化进程中，河道系统受到了不同程度的破坏和污染，一些河流面临着水质恶化、生态失衡等问题。这使得河道建设亟待加强，以恢复和改善河流的生态环境，保障水资源的可持续利用。另一方面，我国在生态文明建设和水环境治理方面取得了显著成就。通过加大投入，采取综合治理措施，一些地区的河道得到了有效改善，水质逐步提升，生态系统恢复了生机。在城市规划和建设中，越来越多的地方开始注重河道的保护和修复，将其纳入整体城市生态系统的考虑范围。因此，未来我国河道建设需要在继续加强生态保护的基础上，更加注重科学规划和可持续发展。

（二）河道建设的新趋势

随着社会经济的发展，人们对河流生态环境的认识和要求不断提高，传统水利工程措施（在河床、河岸铺设混凝土和浆砌石等硬质材料）的治河方法已被各国普遍否定，建设生态河堤已成为国际生态治河的大趋势。随着我国河道建设工程的深入实施和治河理论的不断完善，河道建设的理念和技术都发生了明显的变化，在满足河道主导功能要求的前提下，人们开始关心河流生态系统的服务功能，关注河道生态建设。

河道生态建设是集现代水利工程学、环境科学、生物科学、生态学、美学等学科为一体的水利工程。它是在不影响岸坡安全性、耐久性的前提下，以“保护、创造生物良好的生存环境和自然景观”为目标，充分考虑生态效果，把河堤由传统的结构改造成为水体、陆地和生物相互作用的，适合生物生长、发育的区域，最终使受损河流尽可能恢复至近自然或人们期望的状态，实现其生态服务功能。利用植物对河道进行生态修复与重建，已成为河道生态建设的重要内容，植物措施在生态治河中将发挥独特的、无法替代的作用。

第三节 基于生态水利工程的河道规划设计

一、河道规划设计的原则

（一）可持续性发展原则

可持续发展的实现需要环境项目和河流用水的科学合理的设计。此外，规划工作还应确保在不损害原生态的情况下提高环境稳定性和可靠性，从而促进城市地区的可持续发展。还应考虑渠道设计的标准化和为进一步发展预留空间。

（二）发展与管理结合原则

在规划和设计过程中，无论是处于开发阶段还是管理阶段，都应注意每个阶段的设计。因此，必须始终坚持发展与管理结合的原则，基于区域发展和景观进行适当设计。此外，开发和设计必须始终基于河流治理的角度，河流治理可以合理设计，使环境与周围的人类住区保持一致，并有助于城市的发展和进步。

（三）河流生物多样性原则

在实施传统项目和水资源保护方面，一些建设项目对该地区造成了重大破坏，使保护区域生物多样性工作变得困难。尽可能保护流域的生物多样性，并利用不同的生物来改善和调节当地的环境。如果水利工程中的空间对比度相对较高，那么各种微生物的形成可以极大地改善区域生态系统。河流规划设计中的环境和水资源保护应尽可能利用天然河流，建设多功能河流，即具有生物多样性的河流。

（四）项目科学性和合理性原则

在新时代背景下，建设生态水资源保护工程是一个新概念，以区域生态系统的可持续发展为重点，通过改善节水项目的环境功能和提高项目的整体效率来支持该地区的经济和社会发展。为了提高项目的经济、社会和环境效益，节约用水，很难制订项目的生态建设和水保护计划，因为它必须考虑节水和环境的结合。遵循因地制宜的原则，考虑多种产业因素，选择最经济、合理、环保的项目方案。

二、水利工程河道规划目标及要素

（一）水利工程河道规划目标

水利工程河道规划是我国水资源管理和生态保护的关键组成部分。当前，我国正面临着严峻的水资源压力和环境挑战，因此水利工程河道规划的目标显得尤为重要。

水利工程河道规划的首要目标是实现水资源的科学、合理配置，以满足不断增长的社会经济需求。通过综合考虑各地区的水资源分布、用水需求和生态环境状况，科学规划水利工程，确保水资源的高效利用和公平分配。这不仅有助于缓解地区之间的水资源矛盾，还能提高水资源利用效率，推动经济可持续发展。

水利工程河道规划要注重生态环境保护，实现水与土地的协调发展。在规划中要充分考虑河道生态系统的健康与稳定，防止过度开发导致的水土流失、水质污染等问题。通过生态恢复和保护，促进植被覆盖，保持水体自净能力，维护河流的生态平衡。这有助于维护生态系统的完整性，确保人与自然的和谐共生。

水利工程河道规划要关注自然灾害风险，提高防洪抗旱能力。面对由气候变化造成的极端天气事件增多的问题，规划中需要加强对河道的抗灾能力设计，确保人民群众的生命财产安全。科学规划防洪工程，提高堤坝、水库等防御设施的稳定性和耐久性，增强对极端天气的应对能力。

水利工程河道规划目标是在经济、生态和社会三者之间实现平衡，以确保水资源的可持续利用和生态环境的健康发展。这需要科学规划、全面考虑各种因素，并动员社会各界的力量，共同致力于水利工程河道规划目标的实现，推动我国水利事业不断迈向更高水平。

（二）水利工程河道规划要素

第一，城市及周边地区的河流规划和建设，是一个重要问题。要解决实际问题，河流的建设和规划至关重要。在项目实施过程中，允许人为干预，提供防洪和水资源保护，设计景观和生态建筑。

第二，发展河道的规划和设计理念。为了有效改善受相关问题破坏的生态系统，可以建设绿色生态走廊，并利用当地有限的土地资源建设生态系统。通过应用这种方法，可以充分提高人类居住区的质量，并具有强大的生态系统恢复功能。

第三，区域休闲旅游河流功能区景观规划。在这条河流的建设和项目规划中，需要划分不同的任务，制定不同的空间规划标准，整合景观美化和河流划分功能，确保两者之间的科学协调。例如，河流规划要求科学建设休闲旅游区，来增加该地区的生态功能。

（三）水利工程河道设计要素

1.平面设计

考虑在河流中创造绿色环境的概念，并结合区域环境特征，可以使用操作系统来促进环境平衡发展，确保生物多样性。原河流的延伸便于后续排水。此外，需要加强河流周围的环境保护，为绿色动植物创造良好的空间，并及时拆除不必要的建筑，以确保河流的合理设计。还需要结合河流的实际情况，确保设计的河流能够成为一条美丽的曲线。在河流生态系统运行过程中，根据排洪原理，可以适应景观变化，科学设计排洪能力，形成健康的河流生态系统。为了实现河流的生态功能，不仅需要科学地设计和调节河道，还需要保留河流的原始设计。

2.河岸的科学设计

在正常情况下，河岸的设计需要使用网格，尤其是在倾斜的河岸上，在河岸两侧种植植物根系。在河岸上设计绿色环境时，应该有足够的空间帮助植物生根，可以疏通地下水的功能，从而加速整个河流的水循环。这种方法还可以有效地控制河流工程的建设成本，有效地保护环境。

3.生物的充分利用

在设计河流时，周围的水生生物能够有效防止水污染、确保河流安全和健康，在生态平衡和稳定方面也发挥着重要作用。此外，有必要控制水生生物和浮游生物的数量，以改善环境影响，确保河流规划合理有效。

三、基于生态水利工程河道规划设计的措施

“为促进生态水利工程建设与城市可持续发展目标的一致性，国家和政府在河道的生态规划和设计方面投入了更大的精力，通过水利资源的合理利用，有效改善了城市面貌，对促进城市的现代化发展具有重要的意义。”①

（一）保证流程设计的完整性

从长远来看，中国节水工程建设缺乏整体性。为了彻底改变现状，节水生态已成为当前发展条件下的指导思想。市中心地区已经形成了的河流，必须在环境

① 张继武.生态水利工程的河道规划的设计分析[J].绿色环保建材，2021（04）：183.

理念的基础上进行广泛的规划和建设，以尽可能保护自然河流，形成相对完整的河流管理体系。河流规划设计应始终作为指导方针的组成部分，遵循自然发展规律，确保建设合理、生态的河流。每个城市都有自己的特点，在设计和规划河流时，应以独特的河流为基础，并坚持因地制宜的设计原则，如西北城市的河流建设，从生态学的角度来看，河流的水更少，沙子更强，透水性更强。从生态学的角度考虑其他因素，使设计的整体效果得到了改善。

（二）组织河流设计

随着自然开发、水利保护和河流工程的发展，河流在水利和实际工程中发挥着特殊的作用，在河流周围的当地生态系统中形成了独特的形式。在对河流进行整体设计时，不仅要考虑基本排水能力是否达到水平，还要考虑河道整治后能否实现区域生态平衡。在一些城市的发展过程中，为了实现中心重建的目标，对原有的河流进行了一些细微的改变，这些河流很快达到了防洪标准。从长远来看，要实现生态功能，很难确保当地生态系统的平衡。在生态理念下建造河流时，设计师应该注意宽度和长度的结合，这是保存河流原貌和减少对河流破坏的最佳方式。

（三）提高河流综合利用率

在城市地区，主要任务是在环境方法下管理城市用水和废水。每个城市都可以通过利用自然水资源，提高水资源的利用率，广泛使用河流。从生态学的角度来看，应该通过修建大坝来充分利用运河，使整个运河能够在城市发展中发挥作用。诚然，要确保其生态功能的实现，在城市规划建设中，不能忽视河道建设，要保持河道建设等城市建设工程的有效组成。

（四）河道河岸和河床的设计

河岸和河床的整体管理与设计非常重要，关键是河流要符合生态设计标准，这可以在生态修复过程中发挥作用。在水资源开发和保护中，海岸保护形式的设计日益多样化。为了改善河流的生态功能，专业人士应该比较不同形式的护岸的优缺点，最终选择最经济、最明智、最环保的护岸理念。从长远来看，河床治理工程不只对河床进行了微小的改变，甚至一些河床已经变成了大坝、排水坝和橡胶坝。这种类型的服务通过生态河流的建设完全满足了生态建设和水资源保护的要求，不仅满足了基本的保护要求，而且有助于维护生态系统的平衡和稳定。目前，匝道网改善了植物和匝道的根部，如果改进了对植物根系所使用的技术，并且具有非常高的孔隙率，就可以为植物生长提供良好的条件，那么植物根系在加固斜坡方面就可以发挥重要作用。这不仅节省了运河管理的总体成本，而且提高了河流的生态功能。但是，在进行环境设计时，必须根据实际情况选择材料和建筑形式。

（五）增强水体自净能力

在河水处理项目中，污水净化回收也很重要。受污染的水可以通过湿地处理、生物蓄水等方法进行净化。在各种生物技术的背景下，转化和降解了水中的污染物。同时，对河流水资源的分析应相应增加水生动植物的数量，以建立更加多样化的河流生态。在一些城市地区，河流项目可以携带水下植物和漂浮在河流中的植物叶子，如黑藻和其他植物。污染物在水中的吸收、分解、转化和特殊的流动条件下，不仅影响这些植物的生长，对河水的净化也起着重要作用。

第二章　水利工程基础工程施工

水利工程基础工程施工是水利工程建设中的重要环节，其质量直接关系到整个水利工程的安全性和稳定性。本章研究水利工程地基处理、水利工程爆破施工、水利工程岩基施工。

第一节　水利工程地基处理

任何建筑物都要通过基础稳固在地基上，因此建筑物的结构要与基础形式及所处的地基相适应。地基与基础处理得好坏是工程能否长期安全运行的关键，如果处理不好，轻则增加工程投资，延长工期，被迫降低使用标准，达不到预期的工程效益；重则由于基础变形使结构破坏，甚至倒塌报废，给国家财产和人民的生命造成巨大危害。

一、水工建筑物对地基的要求

水工建筑物的基础分为岩基和软基两类，其中软基包括土基与砂砾石地基，岩基指的是由坚硬的岩石构成的地基，通常具有较高的承载能力和稳定性，适合用于承载重大水工结构，如大坝和桥梁。岩基的特点是坚硬、密实、抗压强度高等。由于受地质构造变化及水文地质的影响，天然地基往往存在不同形式与程度的缺陷，需要经过人工处理，才能作为水工建筑物的可靠地基。基础的质量是水工建筑物安全可靠的根本保证。基础处理工程在水利水电工程建设中占有重要地位，是施工的重要环节。

各种类型的水工建筑物对地基基础的要求如下：

第一，地基基础必须具有足够的强度，以确保其能够承担上部结构传递的应力。这需要充分考虑水工建筑物的负荷特性、地基土壤的承载能力以及结构材料的力学性能。通过合理的结构分析和计算，确定地基基础的强度参数，确保其能够稳定地支撑水工建筑物的各个部分。

第二，地基基础必须具有足够的整体性和均一性，以防止基础的滑动和不均匀沉陷。这要求在地基设计和施工中考虑土壤的均匀性、一致性以及地基结构的协调性。采用适当的地基处理方法，如加固、改良土壤等，确保地基基础在承受荷载的同时能够保持稳定的整体结构，避免因滑动或沉陷而引发安全隐患。

第三，地基基础必须具有足够的抗渗性，以防止发生严重的渗漏和渗透破坏。水工建筑物往往会受到水压的影响，因此地基基础必须采取适当的措施，如使用防水材料、加设防渗层等，确保地下水不会渗透到建筑物内部，从而影响结构的稳定性和使用寿命。

第四，地基基础必须具有足够的耐久性，以防止在地下水长期作用下发生侵蚀破坏。这需要在地基设计和施工中充分考虑地下水的化学性质、流动特性以及对地基结构的可能影响，采取相应的防护措施，确保地基基础能够经受住地下水环境的长期侵蚀，不发生严重的损坏。

若天然地层的地质条件良好，则建筑物基础可以直接建造其上；若地基很软弱，或者建筑物基础对地基的要求相差较大时，就不能直接在天然地基上建造建筑物，必须先对其进行人工加固处理。

地基处理的方法有很多种，要视地质情况，建筑物的类型与级别，使用要求，结构形式以及施工期限、施工方法、施工设备、材料和经济条件等，通过技术经济的比较后确定地基处理方法。

水工建筑物的基础处理，就是根据建筑物对地基的要求，采用特定的技术手段来弥补地基的某些天然缺陷，改善和提高地基的物理力学性能，使地基具有足够的强度、整体性、抗渗性及稳定性，以保证工程的安全可靠和正常运行。随着水利水电建设事业的发展，对基础处理的方法与技术提出了越来越高的要求。

由于天然地基的性状复杂多样，不同类型的水工建筑物对地基的要求也各不相同，所以在实际施工中，就必然有各种不同的基础处理方案与技术措施。采用爆破或机械挖掘等手段，将不符合要求的地层挖除以形成符合设计要求的建筑基面，是最通用可靠的基础处理方法。

某些天然地基的缺陷分布范围大而深，并且均一性差，采用开挖的方法，既难彻底清除，又缺乏经济性。为了取得符合设计要求的基础，必须对建筑基面下更大范围的地层采用各种技术措施进行处理。由于基础处理在地层中进行，其施工过程及处理的实际效果无法直观掌握，故具有地下隐蔽工程的特点。

二、水利工程地基处理的目的

根据建筑物地基条件，地基处理的目的大体可归纳为以下方面：

第一，提高地基的承载能力及改善其变形特性。通过采取相应的处理措施，可以有效增加地基的承载能力，使其能够更好地支撑建筑物的重量，同时改善地基的变形特性，减小变形量，确保建筑物的结构稳定性。

第二，改善地基的剪切特性，防止剪切破坏，减少剪切变形。地基在受到外部荷载作用时容易发生剪切破坏，为此需要通过地基处理手段来增强其抗剪切性能，减少剪切变形，从而提高地基的整体稳定性。

第三，改善地基的压缩特性，减少不均匀沉降。在建筑物使用过程中，地基的不均匀沉降可能导致建筑物结构的倾斜和变形，因此地基处理的一个重要目标是通过调整地基的压缩特性，来降低不均匀沉降的风险，确保建筑物的整体水平度。

第四，减少地基的透水特性，降低地下水位，提高地基的稳定性。通过采取防水措施，可以有效降低地基的透水性，减缓水分渗透速度，降低地下水位，从而提高地基的抗浸润性和整体稳定性。

第五，改善地基的动力特性，防止液化。特别是在地震地区，地基液化是一种严重的地质灾害，通过采取相应的地基处理措施，可以有效防止地基液化现象的发生，提高建筑物在地震作用下的抗震性能。

第六，防止地下洞室围岩坍塌和边坡危岩、陡坡滑落。在地质条件较差的地区，地基处理的目标之一是加强地下结构的支撑能力，防上围岩坍塌，同时通过稳定边坡，减少地基的不稳定风险。

第七，地基处理还包括在地基中置入人工基础建筑物，使其与地基共同承受各种荷载。这种方式不仅可以提高地基的整体承载能力，还可以与地基相互作用，实现更为稳定的结构性能。

三、水利工程地基处理工程的分类

建筑物对地基的要求和地基的地质条件各不相同，地基处理的工程种类很多，按处理方法可分为以下类型：

第一，灌浆。灌浆是一种常见的地基处理方法，包括防渗帷幕灌浆、固结灌浆、接触灌浆、回填灌浆以及化学灌浆等。防渗帷幕灌浆用于防止水渗透，固结灌浆用于加固土体，接触灌浆用于改善土层之间的接触性，回填灌浆用于填充和加固回填土体，化学灌浆则通过化学反应来改变土体性质。

第二，防渗墙。防渗墙是另一类重要的地基处理工程，包括钢筋混凝土防渗墙、素混凝土防渗墙、黏土混凝土防渗墙、固化水浆防渗墙和泥浆槽防渗墙等。这些墙体的设计和施工旨在阻止地下水的渗透，确保地基的稳定性。

第三，桩基。地基处理工程是桩基，主要包括钻孔灌注桩、振冲桩和旋喷桩等。桩基通过深入土体来提供更好的承载能力，适用于复杂地质条件下的建筑物。

第四，预应力锚固。预应力锚固涵盖建筑物地基锚固、挡土边墙锚固及高边坡山体锚固等。这种方法通过引入预应力，使土体在承受荷载时能够更好地抵抗外力，提高地基的稳定性。

第五，开挖回填。开挖回填是一组地基处理工程，包括坝基截水槽、防渗竖井、沉箱、混凝土塞和抗滑桩等。这些工程通过挖掘和回填土体，以及其他辅助结构的设置，来保障建筑物的地基稳定。

不同类型的地基处理工程在处理方法上存在差异，但都旨在满足建筑物对地基稳定性和安全性的要求。在实际工程中，根据具体地质条件和建筑物要求的不同，可以选择合适的地基处理方法以确保工程的顺利进行和长期稳定性。

四、水利工程地基处理工程的特点

地基处理工程作为一项地下隐蔽的复杂工程，具有以下显著的施工特点：

第一，复杂的地质情况。由于地下地质情况的复杂性和多变性，地基处理工程施工前需要进行充分的调查研究。对于地质情况的全面了解通常是困难的，因此必须确保获得比较准确的勘测试验资料，并在需要时进行补充。这一步骤的严谨性直接影响到后续地基处理方案的制订和实施。

第二，高要求的施工质量。由于地基处理工程直接关系到水工建筑物的地基稳定性，工程的安危与施工质量密切相关，因此，地基处理工程对施工质量有着极高的要求。一旦发生事故，往往难以进行有效的补救，因此必须确保每一步的施工都符合高标准的质量要求。

第三，技术复杂性和施工难度大。地基处理工程涉及多种工程技术，包括但不限于土石方工程、地基基础处理工程等，其施工难度相对较大。工程技术的复杂性要求施工人员具备专业的技能和经验，以应对各种可能的地质情况和工程挑战。

第四，严格的工艺要求和高连续性要求。地基处理工程在施工过程中对工艺的要求非常严格，每个环节都必须按照规范执行。此外，由于地基处理工程通常是一个连续的过程，要求施工的连续性较高，确保各个处理环节之间的衔接和协调，以达到最终的地基稳定效果。

第五，紧张的工期和大干扰的施工。地基处理工程的工期通常相对紧张，可能受到项目整体进度的制约，因此需要在有限的时间内完成。此外，由于施工涉及地下工程，对周围环境的影响较大，可能对周边交通、生态等产生一定的干扰，因此需要采取有效的施工管理措施，减小对周边环境的影响。

总体而言，地基处理工程的施工特点决定了该工程在规划、设计和实施过程中需要高度的专业性、科学性和谨慎性，以确保工程的安全、稳定和持续运行。

第二节 水利工程爆破施工

一、水利工程钻爆作业中的钻孔机具

在钻爆作业中，钻孔消耗的时间占爆破工程各工序总时间的一半以上，其费用占到爆破工程总费用的70%以上。钻孔的效率和质量在很大程度上取决于钻孔机具。

（一）风钻

风钻是一种风动冲击式凿岩机，它是使用压缩空气作为动力，使钻头产生冲击作用，破岩成孔，浅孔作业多用轻型手提式风钻，其自重为20～25kg，多用于向下钻铅直孔；向上及倾斜钻孔，则多采用重型支架式风钻。国内常用YT-23型、YT-25型、YT-30型以及带腿的YTP-26型风钻。YT-23型自重轻，结构简单，操作方便，钻孔效率高，所以在采石场、基坑开挖、溢洪道开挖中广泛应用。

（二）回转钻

由钻杆回转钻进，当使用岩芯管时，可取出整段岩芯，故又被称为岩芯钻孔。钻杆端部可按钻孔孔径要求装大小不同的钻头，当钻一般硬度的岩石时，可用普通工具钢钻头，钻头与孔底间投放钢砂；当钻中等硬度岩石时，可用嵌有硬

质合金的各型钻头；当钻坚硬岩石时，则宜用金刚石（钻石）钻头。钻进过程中为了排除岩粉，冷却钻头，由钻杆顶部通过空心钻杆向孔内注水。钻进松软岩石时，可向孔内注入泥浆，使岩屑悬浮至表面溢出孔外，泥浆还起到固护孔壁的作用。回转式钻机可钻斜孔，钻进速度快。

（三）冲击钻

钻机安装在可移动的履带轮上，工作时只能钻垂直向下的孔，而不能像回转钻机一样钻斜孔。钻具悬挂在钢索上，借助传动机构完成向上提升、向下冲击的动作。钻具凭自重下落冲击岩石，因此钻具的自重和落高是机械类型的控制参数。

冲击式钻机钻孔，每冲击一次，钻具提离孔底，钢索旋转带动钻具旋转，以保证钻具均匀地破碎岩石，形成圆形钻孔。孔内岩渣用清渣筒清除。为了冷却钻头，钻进时应不断向孔内加水或泥浆，还能起到固孔壁的作用。

（四）潜孔钻

潜孔钻机较以上两种钻机有进一步改进，此机的冲击机构和钻头一起潜入孔底进行作业，靠冲击和回转破碎岩石，凿岩效率高、噪声低，可钻倾斜炮孔，钻孔效率很高。通常一根钻杆的有效钻孔深度为8m，因此当孔深不超过8m，可不用接长钻杆，钻进效率更高。国内常用的YQ-150A型钻机，钻孔直径170mm，孔深达17.5m。在钻进过程中，将粉尘吹出孔口，由设在孔口的捕尘罩借助抽风机将粉尘吸入集尘箱处理。潜孔钻结构简单，运行可靠，维修方便，钻孔效率高，是一种通用、功能良好的深孔作业的钻孔机械。以液压动力驱动冲击机构和钻头的潜孔钻机，称为液压钻机。

二、水利工程的爆破器材

（一）炸药

1.炸药的指标

通常应根据岩石性质和爆破要求选择不同特性的炸药。反映炸药特性的基本性能指标如下：

（1）威力，分别以爆力和猛度表示。爆力又称静力威力，用定量炸药炸开规定尺寸铅柱体内空腔的容积（ml）来表示，它表征炸药膨胀介质的能力。猛度又称动力威力，用定量炸药炸塌规定尺寸铅柱体的高度（mm）来表示，它表征炸药粉碎介质的能力。

（2）氧平衡，它是炸药含氧量和氧化反应程度的指标。当炸药的含氧量恰好等于可燃物完全氧化所需要的氧量时，则生成无毒CO_2和H_2O，并释放大量热能，称为正氧平衡。若含氧量不足，就会生成有毒的CO，称为负氧平衡，释放能量也仅为正氧平衡的1/3左右。从充分发挥炸药化学反应的放热能力和有利于安全出发，炸药最好是零氧平衡。考虑到炸药包装材料燃烧的需氧量，炸药通常配制成微量的正氧平衡。氧平衡可通过炸药的掺和来调节。例如TNT炸药是负氧平衡，掺入正氧平衡的硝酸铵，使之达到微量的正氧平衡。对于正氧平衡的炸药药卷，也可增加包装纸爆炸燃烧达到零氧平衡。

（3）最佳密度。炸药能获得最大爆破效果的密度。高于和低于此密度，爆破效果都会降低。

（4）安定性。炸药在长期储存中，具有保持自身性质稳定不变的能力。

（5）敏感度。炸药在外部能量激发下，引起爆炸反应的难易程度。

（6）殉爆距。炸药药包的爆炸引起相邻药包起爆的最大距离，以cm计。

2.常用的炸药

（1）TNT（三硝基甲苯），这是一种烈性炸药，呈黄色粉末或鱼鳞片状，难溶于水，可用于水下爆破。由于此炸药威力大，常用来做副起爆药。爆炸后呈负氧平衡，产生有毒的CO，故不适于地下工程爆破。

（2）胶质炸药（硝化甘油炸药），这是一种烈性炸药，色黄、可塑、威力大、密度大、抗水性强，可做副起爆药，也可用于水下及地下爆破工程。它的冻结温度高达13.2℃，冻结后，敏感度高，安全性差。随着硝铵类含水炸药出现，该类炸药的使用日趋减少。

（3）铵梯炸药，其主要成分是硝酸铵加少量的TNT和木粉混合而成。调整三种成分的百分比，可制成不同性能的铵梯炸药。这种炸药敏感度低，使用安全，缺点是吸湿性强，易结块，使爆力和敏感度降低。国产铵梯炸药有露天铵梯炸药、岩石铵梯炸药和煤矿铵锑炸药等主要品种。工程爆破中，2号岩石铵梯炸药得到广泛应用，并作为我国药量计算的标准炸药。

（4）浆状炸药，这是以氧化剂的饱和水溶液、敏化剂及胶凝剂为基本成分的抗水硝铵类炸药。含有水溶性胶凝剂的浆状炸药又叫水胶炸药。具有抗水性强、密度高、爆炸威力较大、原料来源广泛和使用安全等优点，主要缺点是储存期短，在露天、有水的深孔爆破中应用广泛。

（5）铵油炸药，其主要成分是硝酸铵和柴油。为减少结块，可加入木粉。硝酸铵、柴油、木粉的最佳配比为92：4：4；当无木粉时，含油率以6%较好。铵油炸药成本低、使用安全、易于生产，但威力和敏感度较低。热加工拌和均匀的细粉状铵油炸药，可用8号雷管起爆；冷加工颗粒较粗、拌和较差的粗粉状铵油炸药需用中继药包始能起爆。铵油炸药的有效储存期仅为7～15天，一般在施工现场拌制。

（6）乳化炸药，是以氧化剂（主要是硝酸铵）水溶液与油类经乳化而成的油包水型乳胶体作为爆炸基质，再添加少量敏化剂、稳定剂等添加剂而形成的一种乳脂状炸药。乳化炸药的爆速较高，且随药柱直径增大、炸药密度增大而提高。乳化炸药有抗水性强，爆炸性能好，原材料来源广，加工工艺简单，生产使用安全和环境污染小等优点，有效储存期为4～6个月。

在水利水电工程建设中，较常见的工业炸药为铵梯炸药、乳化炸药和铵油炸药。

（二）起爆器材

常用的起爆器材包括各种雷管、用来引爆雷管或爆轰波的各种材料。

第一，火雷管与电雷管。根据点火装置的不同，用来引爆炸药的器材分为火雷管和电雷管。前者在帽孔前的插索腔内插入导火索点火引爆；后者通过点火装置引爆正起炸药雷汞或迭氮铅，再激发副起爆药产生爆轰。正起爆药外用金属加强帽封盖。电雷管有即发、秒延迟和毫秒延迟三种。常用的即发雷管为6～8号。秒延迟雷管不同于即发雷管之处在于点火装置与加强帽之间多了一段缓燃剂，根据缓燃剂的特点控制延迟时间，国产的秒延迟雷管分为7段，每段延迟时间为1s。

第二，导火索。导火索用来激发火雷管。索芯为黑火药，外壳用棉线、纸条和防水材料等缠绕和涂抹而成。按使用场合不同，导火索有普通型、防水型和安全型三种。使用最多的是每米燃烧时间为100～125s的普通型导火索。

第三，导爆索（线状雷管）。导爆索可分为安全导爆索和露天导爆索。水利水电常用的为露天导爆索。导爆索构造类似于导火索，但其药芯为黑索金（炸药），外表涂成红色，以示区别。

第四，导爆管。导爆管用于起爆网路中冲击波的传递，需用雷管引爆。它是一种聚乙烯空心软管，外径为3mm，内径为1.4mm，管内壁涂有以奥克托金或黑索金为主体的粉状炸药，线敷药密度为14～18mg/m。导爆管的传爆速度为1600～2000m/s。

第五，导爆雷管。用于导爆管引爆炸药，在火雷管前端加装消爆室后，再用塑料卡口塞与导爆管连接即为导爆雷管。消爆室的主要作用在于降低导爆管口泄出的高温气流压力，防止在火雷管发火前卡口塞破裂或脱开。消爆室后无延迟药者为瞬发导爆雷管，有延迟药者为毫秒导爆雷管。秒延迟雷管的延迟时间也用精致导爆索进行控制。

（三）起爆方法

工程应用中应根据环境条件、爆破规模、技术和经济效果、安全标准和炮工技术水平合理选用起爆方法。炸药的基本起爆方法包括：导火索起爆法、电力起爆法、导爆管起爆法和非电塑料导爆索起爆法。当采用群药包进行爆破时，为了取得理想的爆破效果，常用起爆材料将各药包按一定顺序连接起来，即爆破网路。常用的起爆方法有电力起爆和非电力起爆，后者又包括火花起爆、导爆管起爆和导爆索起爆。

第一，火花起爆，是出现最早、最简单的一种起爆方法，具有技术简单、成本低等优点，但其传导速度低，误差大，目前仅用于小型工程的浅孔爆破和裸露爆破等。

第二，电力起爆，是电源通过电线输送电能激发电雷管、继而起爆炸药的方法。电力起爆可靠性高，一次可起爆多个装药，并有效控制起爆顺序和时间，且可实现远距离按时起爆，但技术复杂，成本高，有外来电流干扰时，容易引起早爆。

第三，导爆管起爆，是一种新型非电起爆方法。工程上采用雷管，通过冲击激发源轴向激发导爆管，在管内形成稳定传播的爆轰波，导致末端的导爆雷管起爆，进而引起药卷的起爆。

第四，导爆索起爆，是利用导爆索传递爆轰波并起爆炸药的方法。具有操作简单、传爆可靠、安全性好、爆速高等优点，但成本高，噪声大。

三、水利工程爆破施工

爆破施工是把爆破设计付诸实施的一系列工序，包括装药、堵塞、起爆网络连接、警戒后起爆和哑炮的处理等。

（一）装药

装药前应对炮孔参数进行检查验收，测量炮孔位置、炮孔深度是否符合设计要求。然后对钻孔进行清理，可用风管通入孔底，利用压缩空气将孔内的岩渣和水分吹出。确认炮孔合格后，即可进行装药工作。一定要严格按照预先计算好的每孔装药量和装药结构进行装药，如炮孔中有水或是潮湿时，应采取防水措施或改用防水炸药。

装炸药时注意起爆药包的安放位置要符合设计要求。另外，在炮孔内放入起爆药包后，紧接着放入一两个普通药包，再用炮棍轻轻压紧，不可用猛力去捣实起爆药包，防止早爆事故或将雷管脚线拉断造成拒爆。但当采用散装药时，应在装入药量的80%～85%之后再放入起爆药包，这样做有利于防止静电等因素引起的早爆事故。

当采用导爆索起爆时，假如周边孔爆破，应该用胶布将导爆索与每个药卷紧密贴合，才能充分发挥导爆索的引爆作用。

（二）堵塞

炮孔装药后孔口未装药部分应该用堵塞物进行堵塞。良好的堵塞能阻止爆轰气体产物过早地从孔门冲出，提高爆炸能量的利用率。

常用的堵塞材料有砂子、黏土、岩粉等。而小直径炮孔则常用炮泥，它是用砂子和黏土混合配制而成的，其重量比为3：1，再加上20%的水，混合均匀后揉成直径稍小于炮孔直径的炮泥段。堵塞时将炮泥段送入炮孔，用炮棍适当挤压捣实。炮孔堵塞段应是连续的，中间不要间断。堵塞长度与抵抗线有关，一般来说，堵塞段长度不能小于最小抵抗线。

（三）起爆网络连接

起爆网络连接的步骤必须严格遵循设计要求，包括连接的顺序、方式和具体参数等。设计要求中所规定的这些关键细节直接影响着起爆系统的稳定性和精确性。因此，操作人员在进行网络连接时应认真查阅设计文件，确保每一步都得到准确执行，从而避免因误操作导致的潜在安全风险。

（四）警戒后起爆

警戒人员应按规定警戒点进行警戒，在未确认撤除警戒前不得擅离职守。要有专人核对装药、起爆炮孔数，并检查起爆网络、起爆电源开关及起爆主线。

爆破指挥人员要确认周围的安全警戒和起爆准备工作完成，爆破信号已发布起效后，方可发出起爆命令。起爆中有专人观察起爆情况，起爆后，经检查确认炮孔全部起爆后，方可发出解除警戒信号、撤除警戒人员。如发现哑炮，要采取安全防范措施后，才能解除警戒信号。

（五）哑炮的处理

发现哑炮后，应立即封锁现场，由现场技术人员针对装药时的具体情况，找出拒爆原因，采取相应措施处理。处理哑炮一般可采用二次爆破法、冲洗法及炸毁法等三种方法。属于漏起爆的拒爆药包，可再找出原来的导火索、塑料导爆管或雷管脚线，经检查确认完好后，进行二次起爆；对于不防水的硝铵炸药，可用水冲洗炮孔中的装药，使其失去爆炸能力；对防水炸药装填的炮孔，可用掏勺细心地掏出堵塞物，再装入起爆药包将其炸毁。如果拒爆孔周围岩石尚未发生松动破碎，可以在距拒爆孔30cm处钻一平行新孔，重新装药起爆，将拒爆孔引爆。

第三节　水利工程岩基施工

一、水利工程岩基开挖施工

“若岩基处于严重风化或破碎状态，首先考虑清除至新鲜的岩基为止。”[①]岩基开挖是岩基处理中最常用的方法，开挖就是按照设计要求，将不能作为建筑物地基的有缺陷的岩层挖除，使水工建筑物修筑在坚实可靠的岩体上。

大多数混凝土水工建筑物，需要坐落在岩基上，因此，都会出现岩基开挖问题。大中型水利水电工程的基岩开挖量往往很大，有的达到几百万立方米乃至上千万立方米，需要大量的设备、器材、劳力和资金，并且占用相当长的工期。因此，多、快、好、省地做好开挖处理，对于加快整个工程建设有着重要的意义。

（一）岩基开挖的施工准备

做好岩基开挖处理工作的前提条件如下：

第一，详细分析坝址的工程地质资料，了解岩基的性状，掌握各种岩基缺陷（风化、破碎、软弱夹层、节理断层带及岩溶状况等）的分布及发育程度。

第二，明确水工设计对地基的具体要求。

① 苗兴皓，高峰.水利工程施工技术[M].北京：中国环境出版社，2017：30.

第三，熟知工程的施工条件及施工技术力量。

第四，由地质、设计、施工、监理等有关人员共同研究，确定适宜的坝基或其他主体建筑物地基的开挖范围、开挖深度及形态。

（二）岩基开挖的方案措施

为了保证岩基开挖的质量、进度与安全，必须从施工组织、技术措施、现场布置等方面妥善解决下列问题：

1.排除基坑的积水

基坑是由上下游围堰（分期分段施工时还有纵向围堰）包围的主体建筑物的施工范围。通常，基坑地势低凹，常有施工用水、围堰及岸坡渗水、降雨等汇集成的积水，如不及时排除，势必大大影响坝基的开挖工作。因此，结合岩基开挖应注意在基坑范围内修好集水坑和排水沟槽，配备足够的便于移动的抽水机，及时排除积水，保证开挖工作在干地上进行。

2.进行开挖程序

基坑开挖范围一般比较小，为了提高工效常有多个工序平行作业，如安排不当易产生施工干扰，甚至会引起安全事故。基坑的开挖程序，要掌握好“自上而下，先岸坡后河槽”的原则。

对于较开阔的河床中基坑开挖也可合理分区、做好防护、多措并举。对于形体比较复杂的地基开挖，则要注意开挖卸荷造成地层应力应变的重分布，避免形成新的不稳定岩体。无论是岸坡还是河槽地基，都要分层开挖、逐步下降。

3.选定基坑开挖的范围及形态

基坑开挖范围主要取决于水工建筑物的平面轮廓，是岩基开挖的最小轮廓线。实际开挖时，还要考虑由于施工机械运行，道路布置、施工排水、立模支撑等要求，适当放宽，放宽的范围根据实际需要而定，一般从几米到十几米不等。

对于扩挖轮廓线以外的岸坡和坑槽开挖壁面，应注意随着开挖高程的下降及时测量检查和安全处理，防止欠挖或超挖。要避免在形成高边坡、深槽壁面后再进行处理，防止滑坡或落石伤人。必要时，在适当高程岩坡上设置挡渣栅栏。

为了有利于水工建筑物的稳定，建筑物的地基开挖以后要求基岩面基本平整，高差不宜太大，要避免基岩有尖突部分和应力集中，并尽可能向上游倾斜。

对于地形较陡的岸坡重力坝段的岩基，还应考虑到坝体沿坝轴线方向上的稳定要求，将岩基开挖成沿坝轴线方向有一定宽度的平台，以利于各坝段的稳定和正常工作。

拱坝的坝基开挖要求更为严格，因为拱坝体形比较单薄，坝体的稳定主要靠两岸拱端基岩的反力作用，不全依靠坝体自重来维持，因此，拱端岩体的稳定是坝体安全的根本保证。拱坝基岩开挖形态除同重力坝的要求外，沿坝轴线方向的岸坡段岩基开挖面要略倾向上游，同时与拱坝所受的推力方向保持垂直，以保证按设计要求使拱的推力传向两岸坝肩岩体。

拱坝坝肩岩体的处理与加固，对拱坝安全十分重要，在坝基开挖同时就要解决好，采用控制爆破开挖，再用锚筋桩或预应力锚杆和锚索加固手段。

支墩坝坝基，同样要求开挖平整，并略向上游倾斜。支墩之间高差太大时，应使各支墩坐落在各自的平台上，并注意支墩的侧向稳定，必要时用回填混凝土或加撑墙柱等结构予以加固。

4.选择开挖的方法及参数

水工建筑物的自重与工作荷载往往是巨大的，因而支承这巨大的荷载的基岩必须有足够的强度、抗渗性及耐久性。天然岩基由于长期经受地质作用，都有不同程度的风化层、节理裂隙、软弱夹层和断层破碎带等缺陷。因此，要合理确定开挖深度，清除表层不合设计要求的岩体。开挖深度是根据坝基应力状态、岩石强度及完整性，水工建筑物上部结构对地基的要求以及地基加固处理的效果、工期和费用等因素研究确定的。我国重力坝设计规范规定：坝高在70m以上的重力坝可建在新鲜、微风化或弱风化下部基岩上；坝高30～70m的中坝可建在微风化至弱风化上部基岩上；同一重力坝中两岸较高部位的坝段坝基，基岩的标准可比河床部位适当放宽，但要注意这条规定对拱坝坝基不适用。

开挖深度对岩基而言是十分重要的参数，并非多挖岩石就一定达到了设计要求，要根据实际状况，全面、科学地分析论证。这关系到大坝的根基是否坚实可靠，开挖工程量及费用是否经济合理，工期和施工强度能否得到保证。

正确选择开挖方法，是做好基坑开挖工程的关键。对岩石地基而言，主要的开挖方法是爆破开挖，采取控制爆破，分层向下，预留保护层的方式进行开挖施工。

坝基爆破开挖的基本要求是：保证质量；注重安全；方便施工；综合平衡。其中以质量、安全为重点。

保证质量、安全具体体现在两个方面：一方面要求在爆破开挖过程中既有效地按设计分层逐层下挖，又要有效地防止由于爆破震动破坏保留岩体和设计基岩线下的岩体；另一方面要求在爆破开挖时防止对已建成的水工建筑物或已完工的灌浆地段造成损坏。

为保证基岩岩体不受开挖爆破的破坏，一般可采用两种方法：一是预留保护层的开挖方法，二是不预留保护层的开挖方法。

预留保护层的开挖方法：保护层是指在一定的爆破方式和爆破规模（最大一段起爆药量）下，不同直径的药卷爆破对设计建基面不产生破坏，而在建基面以上（或以外）预留相应的安全厚度。保护层厚度可根据水工建筑物对地基的要求通过现场试验来确定。

保护层以上岩体的开挖，一般采用延长药包梯段爆破，毫秒分段起爆，最大一段起爆药量（是指一次爆破中，毫秒分段中振波不同相叠加的串联孔最多的各孔药量之和）不大于500kg。对于不具备梯段地形的岩基，则应先进行平地拉槽毫秒起爆，创造出梯段爆破的条件后再进行梯段爆破。

保护层的开挖是控制基岩质量的关键。对大于1.5m的保护层岩体，可采用中（小）孔径及相应直径的药卷进行梯段毫秒爆破。距建基面1.5m的一层岩体，采用手风钻钻孔，仍可用毫秒分段起爆，其最大一段起爆药量应不大于300kg。

建基面以上1.5m以内的垂直方向的保护层，宜采用手风钻逐层钻孔、装药、火花起爆，药卷直径不得大于32mm（散装炸药加工的药卷直径，不得大于36mm），最后一层保护层的开挖钻孔可视建基面处岩质情况分别处理。

对于坚硬完整的基岩可钻至建基面终孔，但孔深不得超过50cm；对于软弱、破碎岩基，则应留足20～30cm的撬挖层，用风镐或人工撬挖。

以上预留保护层开挖方式的技术要点是：分层开挖，梯段爆破，控制一段起爆药量，按药卷直径若干倍数预留保护层，其目的是控制爆破震动的影响，保证岩基开挖质量。

预留保护层的开挖方法，其优点是可以尽量减少爆破开挖对岩基的震动破坏，不降低基岩的承载力和抗渗性能，但是施工速度相对较慢，人工耗费量大，尤其最后一层20～30cm岩层靠人工撬凿，劳动强度大、工效低，因而开挖单价也较高。

为此，近年来，许多重要水利水电工程总结推广了不留保护层或一次爆破保护层的新方法，该方法的技术要点是：①先锋槽开挖，先锋槽即采用钻爆方法，首先在基坑适当部位开挖出一块地槽，从而得到四周相邻的新工作面，为相邻岩体开挖创造有利条件。②邻接块控制爆破开挖，邻接块是紧随先锋槽穿插进行的，其大小根据先锋槽的情况、坝基的几何形状以及钻机性能而定，逐步扩大。邻接块的爆破开挖分别采用水平预裂和水平梯段爆破，在顶部则用垂直或倾斜孔梯段爆破。③水平预裂爆破与水平梯段爆破参数的选择和爆破施工水平预裂爆破，水平梯段爆破的作用原理与垂直或倾斜预裂爆破、梯段爆破并无本质的不同。不同的是在爆破过程中需要克服岩石的自重作用，因此其参数选择不宜照搬垂直或斜孔的爆破参数，应结合实际情况进行必要的科学试验。或参照已有的成功经验用类比法选择，然后在实际施工中修改完善。

二、水利工程岩基灌浆施工

若风化层或破碎带很厚，无法彻底清除时，则考虑采用灌浆的方法加固岩层和截止渗流。对于防渗，从结构上进行处理，设截水墙和排水系统。

灌浆方法是钻孔灌浆（在地基上钻孔，用压力把浆液通过钻孔压入风化或破碎的岩基内部）。待浆液胶结或固结后，就能达到防渗或加固的目的。最常用的灌浆材料是水泥。当岩石裂隙多、空洞大，吸浆量很大时，为了节省水泥，降低工程造价，改善浆液性能，常加砂或其他材料；当裂隙细微，水泥浆难以灌入，基础的防渗不能达到设计要求或者有大的集中渗流时，可采用化学材料灌浆的方法处理。化学灌浆是一种以高分子有机化合物为主体材料的新型灌浆方法。这种浆材呈溶液状态，能灌入0.1mm以下的微细裂缝，浆液经过一定时间起化学作用，可将裂缝黏合起来或形成凝胶，起到堵水防渗以及补强的作用。

（一）基岩灌浆的类型

水工建筑物的岩基灌浆按其作用，可分为帷幕灌浆、固结灌浆和接触灌浆。灌浆技术不仅大量运用于建筑物的基岩处理，也是进行水工隧洞围岩固结、衬砌回填、超前支护，混凝土坝体接缝以及建（构）筑物补强、堵漏等方面的主要措施。

1.帷幕灌浆

布置在靠近建筑物上游迎水面的基岩内，形成一道连续的平行建筑物轴线的防渗幕墙。其目的是减少基岩的渗流量，降低基岩的渗透压力，保证基础的渗透稳定。帷幕灌浆的深度主要由作用水头及地质条件等确定，较之固结灌浆要深得多，有些工程的帷幕深度超过百米。在施工中，通常采用单孔灌浆，所使用的灌浆压力比较大。

帷幕灌浆一般安排在水库蓄水前完成，这样有利于保证灌浆的质量。由于帷幕灌浆的工程量较大，与坝体施工在时间安排上有矛盾，所以通常安排在坝体基础灌浆廊道内进行。这样既可实现坝体上升与基岩灌浆同步进行，也为灌浆施工具备了一定厚度的混凝土压重，有利于提高灌浆压力、保证灌浆质量。

2.固结灌浆

固结灌浆的目的是提高基岩的整体性与强度，并降低基础的透水性。当基岩地质条件较好时，一般可在坝基上、下游应力较大的部位布置固结灌浆孔；在地质条件较差而坝体较高的情况下，则需要对坝基进行全面的固结灌浆，甚至在坝基以外上、下游一定范围内也要进行固结灌浆。灌浆孔的深度一般为5～8m，也有深达15～40m的，各孔在平面上呈网格交错布置。通常采用群孔冲洗和群孔灌浆。

固结灌浆宜在一定厚度的坝体基层混凝土上进行，这样可以防止基岩表面冒浆，并采用较大的灌浆压力，提高灌浆效果，同时兼顾坝体与基岩的接触灌浆。如果基岩比较坚硬、完整，为了加快施工速度，也可直接在基岩表面进行无混凝土压重的固结灌浆。在基层混凝土上进行钻孔灌浆，必须在相应部位使混凝土的强度达到50%后，方可开始。或者先在岩基上钻孔，预埋灌浆管，待混凝土浇筑到一定厚度后再灌浆。同一地段的基岩灌浆必须按先固结灌浆后帷幕灌浆的顺序进行。

3.接触灌浆

接触灌浆的目的是加强坝体混凝土与坝基或岸肩之间的结合能力，提高坝体的抗滑稳定性。一般是通过混凝土钻孔压浆或预先在接触面上埋设灌浆盒及相应的管道系统，也可结合固结灌浆进行。接触灌浆应安排在坝体混凝土达到稳定温度以后进行，以防止混凝土收缩产生拉裂。

（二）基岩灌浆的施工

在基岩处理施工前一般需进行现场灌浆试验。通过试验，可以了解基岩的可灌性、确定合理的施工程序与工艺、提供科学的灌浆参数等，为进行灌浆设计与施工准备提供主要依据。基岩灌浆施工中的主要工序包括钻孔、钻孔（裂隙）冲洗、压水试验、灌浆、回填封孔等。

1.钻孔

根据岩石的硬度、完整性和可钻性的不同，分别采用硬质合金钻头、钻粒钻头和金刚钻头。6～7级以下的岩石多用硬质合金钻头；7级以上用钻粒钻头；石质坚硬且较完整的用金刚石钻头。

帷幕灌浆的钻孔宜采用回转式钻机和金刚石钻头或硬质合金钻头，其钻进效率较高，不受孔深、孔向、孔径和岩石硬度的限制，还可钻取岩芯。钻孔的孔径一般在75～91mm。固结灌浆则可采用各种合适的钻机与钻头。

孔向的控制相对较困难，特别是钻设斜孔，掌握钻孔方向更加困难。在工程实践中，按钻孔深度不同规定了钻孔偏斜的允许值。当深度大于60m时，则允许的偏差不应超过钻孔的间距。钻孔结束后，应对孔深、孔斜和孔底残留物等进行检查，不符合要求的应采取补救处理措施。

为了有利于浆液的扩散和提高浆液结合的密实性，在确定钻孔顺序时应和灌浆次序密切配合。一般是当一批钻孔钻进完毕后，随即进行灌浆。钻孔次序则以逐渐加密钻孔数和缩小孔距为原则。排孔的钻孔顺序为，先下游排孔，后上游排孔，最后中间排孔。对统一排孔而言，一般从2～4个次序孔施工，逐渐加密。

钻孔质量要求如下：

（1）确保孔位、孔深、孔向符合设计要求。钻孔的方向与深度是保证帷幕灌浆质量的关键。如果钻孔方向有偏斜，钻孔深度达不到要求，则通过各钻孔所灌注的浆液，不能连成一体，将形成漏水通路。

（2）力求孔径上下均一、孔壁平顺。孔径均一、孔壁平顺，则灌浆栓塞能够卡紧卡牢，灌浆时不至于产生绕塞返浆。

（3）钻进过程中产生的岩粉细屑较少。钻进过程中如果产生过多的岩粉细屑，容易堵塞孔壁的缝隙，影响灌浆质量，同时影响工人的作业环境。

2.钻孔冲洗

钻孔后，要进行钻孔及岩石裂隙的冲洗。冲洗工作通常分为：①钻孔冲洗，将残存在钻孔底和黏滞在孔壁的岩粉、铁屑等冲洗出来；②岩层裂隙冲洗，将岩层裂隙中的充填物冲洗出孔外，以便浆液进入腾出的空间，使浆液结石与基岩胶结成整体。在断层、破碎带和细微裂隙等复杂地层中灌浆，冲洗的质量对灌浆效果影响极大。

一般采用灌浆泵将水压入孔内循环管路进行冲洗。将冲洗管插入孔内，用阻塞器将孔口堵紧，用压力水冲洗。也可采用压力水和压缩空气轮换冲洗或压力水和压缩空气混合冲洗的方法。

岩层裂隙冲洗方法分为单孔冲洗和群孔冲洗两种。①在岩层比较完整，裂隙比较少的地方，可采用单孔冲洗。冲洗方法有高压水冲洗、高压脉动冲洗和扬水冲洗等。②当裂隙比较多且在钻孔互相串通的地层中，可采用群孔冲洗。将两个或两个以上的钻孔组成一个孔组，轮换地向一个孔或几个孔压进压力水或压力水混合压缩空气，从另外的孔排出污水，这样反复交替冲洗，直到各个孔出水洁净为止。

群孔冲洗时，沿孔深方向冲洗段的划分不宜过长，否则冲洗段内钻孔通过的裂隙条数增多，这样不仅分散冲洗压力和冲洗水量，并且一旦有部分裂隙冲通以后，水量将相对集中在这几条裂隙中流动，使其他裂隙得不到有效的冲洗。

为了提高冲洗效果，有时可在冲洗液中加入适量的化学剂，如碳酸钠、氢氧化钠或碳酸氢钠等，以促进泥质填充物的溶解。加入化学剂的品种和掺量，宜通过试验确定。

采用高压水或高压水气冲洗时，要注意观测，防止冲洗范围内岩层的抬动和变形。

3.压水试验

在冲洗完成并开始灌浆施工前，一般要对灌浆地层进行压水试验。压水试验的主要目的是：测定地层的渗透特性，为基岩的灌浆施工提供基本技术资料。压水试验也是检查地层灌浆实际效果的主要方法。

压水试验的原理是，在一定的水头压力下，通过钻孔将水压入孔壁四周的缝隙中，根据压入的水量和压水的时间，计算出代表岩层渗透特性的技术参数。一般可采用透水率来表示岩层的渗透特性。所谓透水率，是指在单位时间内，通过单位长度试验孔段，在单位压力作用下所压入的水量。

灌浆施工时的压水试验，使用的压力通常为同段灌浆压力的80%，但一般不大于1MPa。

4.灌浆的方法与工艺

为了确保岩基灌浆的质量，必须注意以下方面：

（1）钻孔灌浆的次序。基岩的钻孔与灌浆应按照分序加密的原则进行。一方面，可以提高浆液结石的密实性；另一方面，通过对后灌序孔透水率和单位吸浆量的分析，可推断先灌序孔的灌浆效果，同时有利于减少相邻孔串浆现象。

（2）注浆方式。按照灌浆时浆液灌注和流动的特点，灌浆方式有纯压式和循环式两种。对于帷幕灌浆，应优先采用循环式。

纯压式灌浆，就是一次将浆液压入钻孔，并扩散到岩层裂隙中。在灌注过程中，浆液从灌浆机向钻孔流动，不再返回；这种灌注方式简单，操作方便，但浆液流动速度较慢，容易沉淀，会造成管路与岩层缝隙的堵塞，影响浆液扩散。纯压式灌浆多用于吸浆量大，有大裂隙存在，孔深不超过12～15m的情况。

循环式灌浆，灌浆机把浆液压入钻孔后，浆液一部分被压入岩层缝隙中，另一部分由回浆管返回拌浆筒中。这种方法一方面可使浆液保持流动状态，减少浆液沉淀；另一方面可根据进浆和回浆浆液比重的差别，来了解岩层吸收情况，并作为判定灌浆结束的一个条件。

（3）钻灌方法。按照同一钻孔内的钻灌顺序，可以分为全孔一次钻灌和全孔分段钻灌两种方法。全孔一次钻灌将灌浆孔一次钻到全深，并沿全孔进行灌浆。这种方法施工简便，多用于孔深不超过6m，地质条件良好，基岩比较完整的情况。全孔分段钻灌又分为自上而下法、自下而上法、综合灌浆法及孔口封闭法等。

第一，自上而下分段钻灌法。其施工顺序是：钻一段，灌一段，待凝一定时间以后，再钻灌下一段，钻孔和灌浆交替进行，直到设计深度。其优点是：随着段深的增加，可以逐段增加灌浆压力，借以提高灌浆质量；由于上部岩层经过灌浆，形成结石，下部岩层灌浆时，不易产生岩层抬动和地面冒浆等现象；分段钻灌，分段进行压水试验，压水试验的成果比较准确，有利于分析灌浆效果，估算灌浆材料的需用量。但缺点是钻灌一段以后，要待凝一定时间，才能钻灌下一段，钻孔与灌浆须交替进行，设备搬移频繁，影响施工进度。

第二，自下而上分段钻灌法。一次将孔钻到全深，然后自下而上逐段灌浆，这种方法的优缺点与自上而下分段灌浆刚好相反。一般多用在岩层比较完整或基岩上部已有足够压重不致引起地面抬动的情况。

第三，综合钻灌法。在实际工程中，通常是接近地表的岩层比较破碎，越往下岩层越完整。因此，在进行深孔灌浆时，可以兼取以上两种方法的优点，上部孔段采用自上而下法钻灌，下部孔段则采用自下而上法钻灌。

第四，孔口封闭灌浆法。其要点是：先在孔口镶铸不小于2m的孔口管，以便安设孔口封闭器；采用小孔径的钻孔，自上而下逐段钻孔与灌浆；上段灌后不必待凝，直接进行下段的钻灌，如此循环，直至终孔；可以重复灌浆，可以使用较高的灌浆压力。其优点是：工艺简便、成本低、效率高，灌浆效果好。其缺点是：灌注时间较长，容易造成灌浆管被水泥浆凝住的现象。

一般情况下，灌浆孔段的长度控制在5～6m。如果地质条件好，岩层比较完整，段长可适当放长，但也不宜超过10m；在岩层破碎，裂隙发育的部位，段长应适当缩短，可取3～4m；而在破碎带、大裂隙等漏水严重的地段以及坝体与基岩的接触面，应单独分段进行处理。

（4）灌浆压力。灌浆压力是控制灌浆质量、提高灌浆经济效益的重要因素。确定灌浆压力的原则是：在不破坏基础和建筑物的前提下，尽可能采用比较高的压力。高压灌浆可以使浆液更好地压入细小缝隙内，增大浆液扩散半径，析出多余的水分，提高灌注材料的密实度。灌浆压力的大小，与孔深、岩层性质、有无压重以及灌浆质量要求等有关，可参考类似工程的灌浆资料，特别是现场灌浆试验成果确定，并且在具体的灌浆施工中结合现场条件进行调整。

（5）灌浆压力的控制。在灌浆过程中，合理地控制灌浆压力和浆液稠度，是提高灌浆质量的重要保证。灌浆过程中灌浆压力的控制基本上有两种类型，即一次升压法和分级升压法。

第一，一次升压法。灌浆开始后，一次将压力升高到预定的压力，并在这个压力作用下，灌注由稀到浓的浆液。当每一级浓度的浆液注入量和灌注时间达到一定限度以后，就变换浆液配比，逐级加浓。随着浆液浓度的增加，裂隙将被逐渐填充，浆液注入率将逐渐减少，当达到结束标准时，就结束灌浆。这种方法适用于透水性不大，裂隙不甚发育，岩层比较坚硬完整的地方。

第二，分级升压法，是将整个灌浆压力分为几个阶段，逐级升压直到预定的压力。开始时，从最低一级压力起灌，当浆液注入率减少到规定的下限时，将压力升高一级，如此逐级升压，直到预定的灌浆压力。

（6）浆液稠度的控制。在灌浆过程中，必须根据灌浆压力或吸浆率的变化情况，适时调整浆液的稠度，使岩层的大小缝隙既能灌饱，又不浪费。浆液稠度按先稀后浓的原则进行控制，这是由于稀浆的流动性较好，宽细裂隙都能进浆，使细小裂隙先灌饱，而后随着浆液稠度逐渐提高，其他较宽的裂隙也能逐步得到良好的填充。

（7）灌浆的结束条件与封孔。灌浆的结束条件，一般用两个指标来控制，一个是残余吸浆量，又称最终吸浆量，即灌到最后的限定吸浆量；另一个是闭浆时间，即在残余吸浆量不变的情况下保持设计规定压力的延续时间。

帷幕灌浆时，在设计规定的压力之下，灌浆孔段的浆液注入率小于0.4L/min时，再延续灌注60min（自上而下法）或30min（自下而上法）；或浆液注入率不大于1.0L/min时，继续灌注90min或60min，就可结束灌浆。

对于固结灌浆，其结束标准是浆液注入率不大于0.4L/min时，延续灌注30min，灌浆结束。

灌浆结束以后，应随即将灌浆孔清理干净。对于帷幕灌浆孔，宜采用浓浆灌浆法填实，再用水泥砂浆封孔；对于固结灌浆，当孔深小于10m时，可采用机械压浆法进行回填封孔，即通过深入孔底的灌浆管压入浓水泥浆或砂浆，顶出孔内积水，随浆面的上升，缓慢提升灌浆管。当孔深大于10m时，其封孔与帷幕孔相同。

5.灌浆的质量检查

基岩灌浆属于隐蔽性工程，必须加强灌浆质量的控制与检查。为此，一方面，要认真做好灌浆施工的原始记录，严格灌浆施工的工艺控制，防止违规操作；另一方面，要在一个灌浆区灌浆结束以后，进行专门性的质量检查，做出科学的灌浆质量评定。基岩灌浆的质量检查结果，是整个工程验收的重要依据。

灌浆质量检查的方法很多，常用的有：①在已灌地区钻设检查孔，通过压水试验和浆液注入率试验进行检查；②通过检查孔，钻取岩芯进行检查，或进行钻孔照相和孔内电视，观察孔壁的灌浆质量；③开挖平洞、竖井或钻设大口径钻孔，检查人员直接进去检查，并在其中进行抗剪强度、弹性模量等方面的试验；④利用地球物理勘探技术，测定基岩的弹性模量、弹性波速等，对比这些参数在灌浆前后的变化，借以判断灌浆的质量和效果。

第三章　水利工程土石方与混凝土工程施工

在水利工程中，土石方和混凝土的施工都是重要的环节。通过科学合理的技术和管理措施，可以确保工程的质量和安全，为水利事业的发展做出更大的贡献。本章重点探讨水利工程土石方工程施工、水利工程混凝土工程施工、水利工程砌筑工程施工。

第一节　水利工程土石方工程施工

一、水利工程石方开挖程序与方式

（一）石方开挖程序

1.开挖程序的选择原则

从整个枢纽工程施工的角度考虑，选择合理的开挖程序，对加快工程进度具有重要作用。选择开挖程序时，应综合考虑以下原则：

（1）根据地形条件、枢纽建筑物布置、导流方式和施工条件等具体情况合理安排。

（2）把保证工程质量和施工安全作为安排开挖程序的前提。尽量避免在同一垂直空间同时进行双层或多层作业。

（3）按照施工导流、截流、拦洪度汛、蓄水发电以及施工期通航等各项工程进度要求，分期、分阶段地安排好开挖程序，并注意开挖程序的连续性和考虑后续工程的施工要求。

（4）对受洪水威胁和与导流、截流有关的部位，应先安排开挖；对不适宜在雨、雪天或高温、严寒季节开挖的部位，应尽量避开这种气候条件安排施工。

（5）对不良地质地段或不稳岩体岸（边）坡的开挖，必须充分重视，做到开挖程序合理、措施得当、保障施工安全。

2.开挖程序的适用条件

水利水电工程的基础石方开挖，一般包括岸坡和基坑的开挖。岸坡开挖一般不受季节限制；而基坑开挖则多在围堰的防护下施工，它是主体工程控制性的第一道工序。对于溢洪道或渠道等工程的开挖，如无特殊的要求，则可按渠首、闸室、渠身段、尾水消能段或边坡、底板等部位的石方做分项、分段安排，并考虑其开挖程序的合理性。

（二）开挖要求与方式

1.开挖要求

在开挖程序确定之后，根据岩石条件、开挖尺寸、工程量和施工技术要求，通过方案比较拟定合理的开挖方式。其基本要求如下：

（1）保证开挖质量和施工安全。

（2）符合施工工期和开挖强度的要求。

（3）有利于维护岩体完整和边坡稳定性。

（4）可以充分发挥施工机械的生产能力。

（5）辅助工程量小。

2.开挖方式

（1）钻爆开挖。钻爆开挖是当前广泛采用的开挖施工方法。开挖方式有薄层开挖、分层开挖（梯段开挖）、全断面一次开挖和特高梯段开挖等。

（2）直接用机械开挖。使用带有松土器的重型推土机破碎岩石，一次破碎深度为0.6～1.0m，该法适用于施工场地宽阔、大方量的软岩石方工程。优点是没有钻爆作业，不需要风、水、电辅助设施，不但简化了布置，而且施工进度快，生产能力高，但不适宜破碎坚硬岩石。

（3）静态破碎法。在炮孔内装入破碎剂，利用药剂自身产生的膨胀力，缓慢地作用于孔壁，经过数小时达到较高的压力，使介质开裂。该法适用于在设备附近、高压线下，以及开挖与浇筑过渡段等特定条件下的开挖与岩石切割或拆除建筑物。优点是安全可靠，没有爆破所产生的公害；缺点是破碎效率低，开裂时间长。对于大型的或复杂的工程，使用破碎剂时，还要考虑使用机械挖除等联合作业手段，或与控制爆破配合，才能提高效率。

二、水利工程土方机械化施工

（一）挖土机械

1.单斗挖掘机

单斗挖掘机可以按照以下维度进行分类：

按用途分：建筑用和专用。

按行走装置分：履带式、汽车式、轮胎式和步行式。

按传动装置分：机械传动、液压传动和液力机械传动。

按工作装置分：正向铲、反向铲、拉（索）铲、抓铲。

按动力装置分：内燃机驱动、电力驱动。

挖掘机有回转、行驶和工作三个装置。正向铲挖掘机有强有力的推力装置，正向铲主要用来挖掘停机面以上的土石方，也可以挖掘停机面以下不深的地方，但不能用于水下开挖。反向铲可以挖停机面以下较深的土，也可以挖停机面以上一定范围的土，还可以用于水下开挖。

2.多斗式挖土机

多斗式挖土机又称挖沟机、纵向多斗挖土机。与单斗式挖土机比较，多斗式挖土机的优点包括：挖土作业是连续的，在同样条件下生产率高；开挖单位土方量所需的能量消耗较低；开挖沟槽的底和壁较整齐；在连续挖土的同时，能将土自动卸在沟槽一侧。

多斗式挖土机不宜开挖坚硬的土和含水量较大的土，适宜开挖黄土、粉质黏土等。多斗式挖土机由工作装置、行走装置和动力、操纵及传动装置等几部分组成。

多斗式挖土机按工作装置分为链斗式和轮式两种。按卸土方式分为装有卸土皮带运输器和未装卸土皮带运输器两种。通常挖沟机大多装有皮带运输器。行走装置有履带式、轮胎式和履带轮胎式三种。其动力一般为内燃机。

（二）挖运组合机械

1.推土机

推土机是一种挖运综合作业机械，是在拖拉机上装上推土铲刀而成。按推土板的操作方式不同，可分为索式和液压式两种。索式推土机的铲刀是借刀具自重切入土中，切土深度较小；液压推土机能强制切土，推土板的切土角度可以调整，切土深度较大，因此，液压推土机是目前工程中常用的一种推土机。

推土机构造简单，操作灵活，运转方便，所需作业面小，功率大，能爬30°左右的缓坡。适用于施工场地清理和平整，开挖深度不超过1.5m的基坑以及沟槽的回填土，堆筑高度在1.5m以内的路基、堤坝等。在推土机后面安装松土装置，可破松硬土和冻土，还可牵引无动力的土方机械（如拖式铲运机、羊脚碾等）进行其他土方作业。推土机的推运距离宜在100m以内，当推运距离在30～60m时，经济效益最好。

2.铲运机

按行走方式，铲运机分为牵引式和自行式。前者用拖拉机牵引铲斗，后者自身有行驶动力装置。现在多用自行式。根据操作方式不同，拖式铲运机又分为索式和液压式两种。

铲运机能独立完成铲土、运土、卸土和平土作业，对行驶道路要求低，操作灵活，运转方便，生产效率高。铲运机适用于大面积场地平整，开挖大型基坑、沟槽以及填筑路基、堤坝等，最适合开挖含水量不大于27%的松土和普通土，不适合在砂砾层和沼泽区工作。当铲运较硬的土壤时，宜先用推土机翻松0.2～0.4m，以减少机械磨损，提高效率。常用铲运机斗容量为1.5～6m^3。拖式铲运机的运距以不超过800m为宜，当运距在300m左右时效率最高，自行式铲运机的经济运距为800～1500m。

3.装载机

装载机是一种高效的挖运组合机械。主要用途是铲取散粒料并装上车辆，可用于装运、挖掘、平整场地和牵引车辆等，更换工作装置后，可用于抓举或起重的作业，因此在工程中得到广泛应用。

装载机按行走装置分为轮胎式和履带式两种；按卸料方式分为前卸式、后卸式和回转式三种；按装载重量分为小型、轻型、中型和重型四和。目前使用最多的是四轮驱动铰接转向的轮式装载机，其铲斗多为前卸式，有的可侧卸。

（三）运输机械

运输机械有循环式和连续式两种。

循环式有有轨机车和机动灵活的汽车。一般工程自卸汽车的吨位是10～35t，汽车吨位的大小应根据需要并结合路涵条件来考虑。

最常用的连续式运输机械是带式运输机。根据有无行驶装置，分为移动式和固定式两种。前者多用于短途运输和散料的装卸堆存，后者常用于长距离的运输。

（四）土石料机械化的挖运方案

土石坝工程量巨大，挖、运、填、压等多个工艺环节环环相扣。提高劳动生产率，提高工程质量，降低工程成本的有效措施是采用综合机械化施工。

选择机械化施工方案通常应考虑如下原则：

第一，适应当地条件，保证施工质量，生产能力满足整个施工过程的要求。

第二，机械设备性能机动、灵活、高效、低耗、运行安全、耐久可靠。

第三，通用性强，能承担先后施工的工程项目，设备利用率高。

第四，机械设备要配套，各类设备均能充分发挥效率，应特别注意充分发挥主导机械的效率，譬如在挖、运、填、压作业中，应充分发挥龙头机械挖掘机的效率，以期为其他作业设备效率的提高，提供必要的前提和保证。

第五，设备购置及运行费用低，易于获得零配件，便于维修、保养、管理和调度。

第六，应从采料工作面、回车场地、路桥等级、卸料位置、坝面条件等方面创造相适应的条件，以便充分发挥挖、运、填、压各种机械的效能。

第二节　水利工程混凝土工程施工

一、水利工程混凝土的制备

混凝土制备的过程包括储料、供料、配料和拌和，配料是按混凝土配合比要求，称准每次拌合的各种材料用量。配料的精度直接影响混凝土质量。

混凝土配料要求采用重量配料法，即将砂、石、水泥、掺和料按重量计量，水和外加剂溶液按重量折算成体积计量。施工规范对配料精度（按重量百分比计）的要求是：水泥、掺合料、水、外加剂溶液为 ± 1%，砂石料为 ± 2%。

设计配合比中的加水量根据水灰比计算确定，并以饱和面干状态的砂子为标准。由于水灰比对混凝土强度和耐久性影响极为重大，绝不能任意变更。施工采用的砂子，其含水量又往往较高，因此在配料时采用的加水量，应扣除砂子表面含水量及外加剂中的水量。

给料是将混凝土各组分按要求从料仓供应到称料料斗的过程。给料设备的工作机构常与称量设备相连，当需要给料时，控制电路开通，进行给料。当计量达到要求时，即断电停止给料。常用的给料设备有皮带给料机、电磁振动给料机、叶轮给料机和螺旋给料机。

二、水利工程混凝土的运输

混凝土运输是整个混凝土施工中的一个重要环节，它运输量大、涉及面广，对施工质量影响大。混凝土不同于其他建筑材料（如砖石和土料等），拌和后不能久存，而且在运输过程易受外界条件的影响。运输方法不正确或运输过程中的疏忽大意，都会降低混凝土的质量，甚至造成废品。

为保证混凝土质量和浇筑工作的顺利进行，对混凝土运输有下列要求：

第一，混凝土拌合物在运输过程中应保持原有的均匀性及和易性，防止发生离析现象。在运输过程中要尽量减少振动和转运次数，不能使混凝土料从2m以上的高度自由跌落。

第二，要防止水泥砂浆损失。运输混凝土的工具应严密不漏浆；在运输过程中，要防止浆液外溢，装料不要过满，转弯速度不要过快。

第三，要防止外界气温对混凝土的不良影响，使混凝土入仓时仍保持原来的坍落度和一定的温度。夏季要遮盖，防止水分蒸发过多和日晒雨淋，冬季要采取保温措施。

第四，要尽量缩短运输时间，防止混凝土出现初凝。混凝土运输、转运、入仓、浇筑的总时间要控制好。运输中已初凝的拌合料，应作废料处理。

第五，在同一时间内，浇筑不同强度等级的混凝土，必须特别注意运输工作的组织，以防标号错误。

混凝土运输包括两个运输过程：从拌和机前到浇筑仓前，主要是水平运输；从浇筑仓前到仓内，主要是垂直运输。

三、水利工程混凝土的浇筑与养护

（一）混凝土的浇筑

1.混凝土入仓

（1）自卸汽车转溜槽、溜筒入仓。自卸汽车转溜槽、溜筒入仓适用于狭窄、深坑混凝土回填。斜溜槽的坡度一般在1：1左右。混凝土的坍落度一般为

6cm左右。溜筒长度一般不超过15m，混凝土自由下落高度不大于2m。每道溜槽控制的浇筑宽度为4～6m。这种入仓方式准备工作量大，需要和易性好的混凝土，以便仓内操作，所以这种混凝土入仓方式多在特殊情况下使用。

（2）吊罐入仓。使用起重机械吊运混凝土罐入仓是目前普遍采用的入仓方式，其优点是入仓速度快、使用方便灵活、准备工作量少、混凝土质量易保证。

（3）汽车直接入仓。自卸汽车开进仓内卸料，它具有设备简单、工效高、施工费用较低等优点。在混凝土起吊运输设备不足，或施工初期尚未具备安装起重机条件的情况下，可使用这种方法。这种方法适用于浇筑铺盖、护坦、海漫和闸底板以及大坝、厂房的基础等部位。

2.混凝土铺料

混凝土入仓铺料多采用平层浇筑法，逐层连续铺填。由于设备能力所限，也可采用斜层浇筑和阶梯浇筑。

（1）平层浇筑法。采用平层浇筑法时，对于闸、坝工程的迎水面仓位而言，铺料方向要与坝轴线平行。基岩凹凸不平或混凝土工作缝在斜坡上的仓位，应由低到高铺料；先行填坑，再按顺序铺料。

混凝土的铺料厚度应以混凝土入仓速度、铺料允许间隔时间和仓位面积大小决定。仓内劳动组合、振捣器的工作能力、混凝土和易性等都要满足混凝土浇筑的需要。在闸、坝混凝土施工中，铺料厚度多采用30～50cm。但胶轮车入仓、人工平仓时，其厚度不宜超过30cm。

采用平层浇筑法时，因浇筑层之间的接触面积大（等于整个仓面面积），应注意防止出现冷缝（即铺填上层混凝土时，下层混凝土已经初凝）。

（2）阶梯浇筑法。阶梯浇筑法的铺料顺序是从仓位的一端开始，向另一端推进，并以台阶形式，边向前推进，边向上铺筑，直至浇筑到规定的厚度，把全仓浇完。阶梯浇筑法的最大优点是缩短了混凝土上、下层的间歇时间；在铺料层数一定的情况下，浇筑块的长度可不受限制。既适用于大面积仓位的浇筑，也适用于通仓浇筑。阶梯浇筑法的层数以3～5层为宜，阶梯长度不小于3m。

（3）斜层浇筑法。当浇筑仓面大，混凝土初凝时间短，混凝土拌和、运输、浇筑能力不足时，可采用斜层浇筑法。斜层浇筑法由于平仓和振捣使砂浆容易流动和分离。为此，应使用低流态混凝土，浇筑块高度一般限制在1～1.5m，同时应控制斜层的层面斜度不大于10°。

无论采用哪一种浇筑方法，都应保持混凝土浇筑的连续性。如相邻两层浇筑的间歇时间超过混凝土的初凝时间时，将出现冷缝，造成质量事故。此时应停止浇筑，并按施工缝处理。

3.混凝土平仓

平仓就是把卸入仓内成堆的混凝土铺平到要求的均匀厚度。

（1）人工平仓。在靠近模板和钢筋较密的地方，用人工平仓，使石子分布均匀。水平止水、止浆片底部要用人工送料填满，严禁料罐直接下料，以免止水、止浆片卷曲和底部混凝土架空。

（2）振捣器平仓。振捣器平仓工作量，主要根据铺料厚度、混凝土坍落度和级配等因素而定。一般情况下，振捣器平仓与振捣的时间之比为1∶3，但平仓不能代替振捣。

（3）机械平仓。大体积混凝土施工采用机械平仓较好，以节省人力和提高混凝土施工质量。为了便于使用平仓振捣机械，浇筑仓内不宜有模板拉条，应采用悬臂式模板。

（二）混凝土的养护

混凝土浇筑完毕后，在相当长的时间内，应保持其适当的温度和足够的湿度，以造成混凝土良好的硬化条件。这样既可以防止其表面因干燥过快而产生干缩裂缝，又可促使其强度不断增长。

在常温下的养护方法：混凝土水平面可用水、湿麻袋、湿草袋、湿砂、锯末等覆盖；对垂直面进行人工洒水，或用带孔的水管定时洒水，以维持混凝土表面潮湿。近年来出现的喷膜养护法，是在混凝土初凝后，在混凝土表面喷1～2次养护剂，以形成一层薄膜，可阻止混凝土内部水分的蒸发，以运到养护的目的。

混凝土养护一般是从浇筑完毕后12～18h开始。养护时间的长短取决于当地气温、水泥品种和结构物的重要性。如用普通水泥、硅酸盐水泥拌制的混凝土，养护时间不少于14d；用大坝水泥、火山灰质水泥、矿渣水泥拌制的混凝土，养护时间不少于21d；重要部位和利用后期强度的混凝土，养护时间不少于28d。冬季和夏季施工的混凝土，养护时间按设计要求进行。冬季应采取保温措施，减少洒水次数，当气温低于5℃时，应停止洒水养护。

第三节　水利工程砌筑工程施工

砌筑工程是指块体材料和砂浆砌筑而成的砖砌体、砌块砌体和石砌体的施工。砌筑工程所有材料主要包括普通黏土砖、空心砖、硅酸盐类砖、石块及砌筑砂浆。因其能就地取材，施工技术简单，造价低而在我国应用较普遍。

一、水利工程砌砖施工

（一）砌砖工艺

第一，找平。砌砖墙前，先在基础面或楼面上按标准的水准点定出各层标高，并用水泥砂浆或细石混凝土找平，使各段砖墙底部标高符合设计要求。

第二，放线。建筑物底层墙身，以龙门板上轴线定位钉为标志拉上线，沿线吊挂垂球，将墙身中心轴线放到基础面上，以此墙身中心轴线为准弹出纵横墙身边线，并定出门窗洞口位置。为保证各楼层墙身轴线的重合，并与基础定位轴线一致，可利用预先引测在外墙面上的墙身中心轴线，借助于经纬仪把墙身中心轴线引测到楼层上；或用线坠挂，对准外墙面上的墙身中心轴线，从而向上引测。轴线的引测是放线的关键，必须按图纸要求尺寸用钢尺进行校核。最后，按楼层墙身中心线，弹出各墙边线，画出门窗洞口位置。

第三，摆砖。摆砖即撂底，在弹好线的基础面上，按选定的组砌方法，先用干砖块试摆，以使门洞、窗口和墙垛处的砖符合模数，满足上下错缝要求。借助灰缝的调整，使墙面竖缝宽度均匀，尽量减少砍砖。

第四，立皮数杆。皮数杆是在其上画有每皮砖和砖缝厚度以及门窗洞口、过梁、楼板、梁底等标高位置的木制标杆，在砌筑时控制砖砌体竖向尺寸，并使铺灰、砌砖的厚度均匀，保证砖皮水平。皮数杆一般立于房屋的四大角、内外墙交接处、楼梯间及洞口多的地方。

第五，盘角、挂线。砌筑时，应先在墙角砌4～5皮砖，称为盘角，然后根据皮数杆和已砌的角挂线，作为砌筑中间墙体的依据，以保证墙面平整。一砖厚的墙单面挂线，外墙挂外边，内墙可挂任何一边；一砖半及以上厚的墙都要双面挂线。

第六，铺灰砌筑。砌砖的操作方法很多，可采用铺浆法或“三一”砌砖法，依各地习惯而定。“三一”砌砖法，即一铲灰、一块砖、一挤揉并随手将挤出的砂浆刮去的砌筑方法。其优点是灰缝容易饱满、黏结力好、墙面整洁。

第七，勾缝、清理。当该层砖砌体砌筑完毕后，应进行墙面（柱面）及落地灰的清理。对清水砖墙，在清理前需进行勾缝，具有保护墙面并增加墙面美观的作用。墙较薄时，可利用砌筑砂浆随砌随勾缝，称作原浆勾缝；墙较厚时，待墙体砌筑完毕后，用1∶1水泥砂浆勾缝，称作加浆勾缝。

（二）砖墙砌筑的要求

第一，横平竖直。砌体的水平灰缝应平直，竖向灰缝应垂直对齐。

第二，砂浆饱满。砌体水平灰缝的砂浆饱满度要达到80%以上，水平灰缝和竖缝的厚度规定为10±2mm。砂浆的和易性好，砖湿润得当都是保证砂浆饱满的前提条件。

第三，上下错缝。为保证墙体的整体性和传力有效，砖块的排列方式应遵循内外搭接、上下错缝的原则。砖块错缝搭接长度不应小于1/4砖长。

第四，接槎可靠。接槎即先砌砌体与后砌砌体之间的接合。接槎方式的合理与否，对砌体质量和建筑物整体性影响极大。留槎处的灰缝砂浆不易饱满，故应少留槎。接槎主要有两种方式：斜槎和直槎。斜槎长度不应小于高度的2/3，当留斜槎确有困难时，才可留直槎。地震区不得留直槎，直槎必须做成阳槎，并加设拉结筋。拉结筋沿墙高每500mm留一层，墙厚每120mm留一根，但每层最少为两根。

在浇筑砖砌体构造柱混凝土前，必须将砌体和模板浇水润湿，并将模板内的落地灰、砖渣和其他杂物清除干净。构造柱混凝土可分段浇筑，每段高度不宜大于2m，在施工条件较好并能确保浇筑密实时，亦可每层浇筑一次。浇筑混凝土前，在结合面处先注入适量水泥砂浆（构造柱混凝土配比相同的去石子水泥砂浆），再浇筑混凝土。振捣时，振捣器应避免触碰砖墙，严禁通过砖墙传递振动。

二、水利工程砌块施工

砌块代替黏土砖作为墙体材料，是墙体改革的一个重要途径。中小型砌块用于建筑物墙体结构，施工方法简便，减轻了工人的劳动强度，提高了劳动生产率。

（一）砌块的排列原则

用砌块砌筑墙体时，应根据施工图纸的平面、立面尺寸，绘出砌块排列图。

在立面图上按比例绘出纵横墙，标出楼板、大梁、过梁、楼梯、孔洞等位置，在纵横墙上绘出水平灰缝线，然后以主规格为主、其他型号为辅按墙体错缝搭砌的原则和竖缝大小进行排列。除整块砌块外，还有1/4、1/2、3/4块一起组合，个别地方用黏土砖补齐。

若设计无具体规定，砌块应按下列原则排列：

第一，尽量多用主规格的砌块或整块砌块，减少非主规格砌块的规格与数量。

第二，砌筑应符合错缝搭接的原则，搭砌长度不得小于块高的1/3，且不应小于150mm，当搭砌长度不足时，应在水平灰缝内设钢筋网片。

第三，外墙转角处及纵横墙交接处，应交错咬槎砌筑。

第四，当局部必须镶砖时，应尽量使砖的数量达到最低限度，镶砖部分应分散布置。

（二）砌块吊装的顺序

砌块的吊装一般按施工段依次进行，其次序为先外后内、先远后近、先下后上，在相邻施工段之间留阶梯形斜槎。

砌块砌筑时应从转角处或定位砌块处开始的外墙同时砌筑，砌筑应满足错缝搭接、横平竖直、表面清洁的要求。

（三）砌块砌筑的工序

第一，铺灰。采用稠度良好（5～7cm）的水泥砂浆，铺3～5m长的水平缝，夏季及寒冷季节应适当缩短铺灰长度，铺灰应均匀平整。

第二，砌块安装就位。采用摩擦式夹具，按砌块排列图将所需砌块吊装就位。砌块就位应对准位置徐徐下落，使夹具中心尽可能与墙中心线在同一垂直面上，砌块光面在同一侧，垂直落于砂浆层上，待砌块安放稳妥后，才可松开夹具。

第三，校正。用线坠和托线板检查垂直度，用拉准线的方法检查水平度。用撬棍、木槌调整偏差。

第四，灌缝。采用砂浆灌竖缝，两侧用夹板夹住砌块，超过3cm宽的竖缝采用不低于C20的细石混凝土灌缝，收水后进行嵌缝，即原浆勾缝。此后，一般不应再撬动砌块，以防破坏砂浆的黏结力。

第五，镶砖。当砌块间出现较大竖缝或过梁找平时，应镶砖。采用MU10级以上的红砖，最后一皮用丁砖镶砌。镶砖工作必须在砌块校正后即刻进行，镶砖时应注意使砖的竖缝灌密实。

三、水利工程砌石施工

石砌体按石块的不同规格可分为毛石砌体、块石砌体和料石砌体等；按砌体缝隙是否填充胶结材料可分为干砌和浆砌；砌体的胶结材料有水泥砂浆、混合砂浆和细骨料混凝土等。水泥砂浆强度高，防水性能好，多用于重要建筑物及建筑物的水下部位。混合砂浆是在水泥砂浆中掺入一定数量的石灰膏、黏土或壳灰（蛎贝壳烧制），适用于强度要求不同的小型工程或次要建筑物的水上部位。细骨料混凝土是用水泥、砂、水和40mm以下的骨料按规定级配配合而成，可节省水泥，提高砌体强度。

（一）毛石砌体的要求

第一，毛石砌体所用毛石应无风化剥落和裂纹，无细长扁薄和尖锥，毛石应呈块状，其中部厚度不宜小于150mm。

第二，毛石砌体宜分皮卧砌，错缝搭砌，搭接长度不得小于80mm，内外搭砌时，不得采用外面侧立石块中间填心的砌筑方法，中间不得有铲口石、斧刃石和过桥石；毛石砌体的第一皮及转角处、交接处和洞口处，应采用较大的平毛石砌筑。

第三，毛石砌体的灰缝应饱满密实，表面灰缝厚度不宜大于40mm，石块间不得有相互接触现象。石块间较大的空隙应先填塞砂浆，后用碎石块嵌实，不得采用先摆碎石后塞砂浆或干填碎石块的方法。

第四，砌筑时，不应出现通缝、干缝、空缝和孔洞。

第五，砌筑毛石基础的第一皮毛石时，应先在基坑底铺设砂浆，并将大面向下。阶梯形毛石基础的上级阶梯的石块应至少压砌下级阶梯的1/2，相邻阶梯的毛石应相互错缝搭砌。

第六，毛石基础砌筑时应拉垂线及水平线。

第七，毛石砌体应设置拉结石，拉结石应均匀分布，相互错开，毛石基础同皮内宜每隔2m设置一块；毛石墙应每$0.7m^2$墙面至少设置一块，且同皮内的中距不应大于2m。当基础宽度或墙厚不大于400mm时，拉结石的长度应与基础宽度或墙厚相等；当基础宽度或墙厚大于400mm时，可用两块拉结石内外搭接，搭接长度不应小于150mm，且其中一块的长度不应小于基础宽度或墙厚的2/3。

（二）浆砌石墙砌筑

浆砌石墙砌筑前砌石基础必须进行夯实处理，以防沉陷。每层应依次砌角石、面石，再砌腹石。块石砌筑，选择较平整的大块石经修复后用作面石，上下两层石块应错缝，内外石块交错搭接。砌石体转弯处和交接处应同时砌筑，对不能同时砌筑的面，留置临时间断处并砌成斜槎。砌体自下而上均衡上升，上升速度每天应不超过1.2m，且永久缝的缝面平整垂直，尺寸和位置偏差符合施工规范规定。

砌筑用砂浆按设计要求试配，选定的配合比报给监理人批准。砂浆用拌和机搅拌，一次拌料应在凝结前用完，同时按规范要求取样。砌筑前对石料洒水将其湿润，但不残留积水，灰浆厚度一般控制在20～35mm，砂浆饱满。

砌筑外露面，在砌筑后12～18h及时养护，保持外露面湿润。养护时间，水泥砂浆砌体不少于14d。防渗勾缝用砂浆灰砂比在1：1～1：2，在料石砌筑24h后进行，缝深大于3cm，勾缝前将槽缝冲洗干净，保持缝面湿润不积水。勾缝宽度大于砌缝宽度，勾缝砂浆单独拌制，不与砌体砂浆混用。勾缝完成砂浆初凝后，把砌体表面清洗干净，用草帘洒水覆盖保持21d以上，养护期间安排专人进行洒水养护，使砌体保持湿润。外露面勾缝保持自然，力求美观、均匀、表面平整。

（三）干砌石工程

干砌石使用材料按照施工图纸要求，采用毛石砌筑，石料必须选用质地坚硬、不易风化、没有裂缝的岩石，其抗水性、抗冻性、抗压强度等均应符合设计要求，无尖角、薄边。上下两面基本平行且大致平整，石料最小边尺寸不宜小于20cm。石料使用前先清除表面泥土和水锈杂质。

干砌石砌筑前，先测量放样，施工时立杆挂线，自下而上砌筑，确保坡面顺直，保证坡度及砌筑高度精准。干砌石砌筑在夯实碎石垫层上，层间错缝以锁结方式砌筑，垫层与干砌石砌筑层配合施工，随铺随砌。砌筑时片石分层卧砌，在夯实的碎石垫层上，一层与一层间错缝铺砌，上下错缝，咬扣紧密。外露面选用表面较平整及尺寸较大片石，并加以修凿。

砌体缝口应砌紧，底部垫稳填实，严禁架空，为使岩石块的全长有坚实的支撑，所有前后的明缝均用小片石填塞紧密，不可用翘口石和飞口石。对松动岩石应予以清除，凹陷部分开挖成台阶形后垢工砌补至与原坡面相同，再开始砌筑。砌体表面砌缝的宽度小于20mm时，砌石边缘顺直、整齐牢固。坡面平顺美观，表面平整度符合规范要求，不得有凹凸不平现象。砌体外露面的坡顶和侧边，应选用较整齐的石块砌筑平整。

第四章　水利工程水工建筑物施工

水利工程水工建筑物施工是一个需要高度专业知识和技能的工程。在施工过程中，需要综合考虑各种因素，严格遵守相关规范和标准，确保建筑物的质量和安全性能达标。本章探讨水利工程渡槽施工、管道施工、隧洞施工、水闸与渠系建筑物施工。

第一节　水利工程渡槽施工

一、槽架预制与脱模施工

"在水利工程建筑中，渡槽是输水系统的重要组成部分，作为我国现代化建设体系的项目内容，渡槽能够跨越山谷河流带来的空间阻碍，提高水资源利用率。"[①]槽架预制时选择就近槽址的场地平卧制作。构件多采用地面立模和阴胎成模制作。

（一）地面立模制作

地面立模制作应在平整场地后将地面夯实整平，按槽架外形放样定出范围，用1：3：8的水泥：黏土：砂的水泥黏土砂浆抹面，其厚度为0.5～1.0cm，面上撒一层干水泥粉，用镘子压光即成底模。也有先铲平表层耕植土，进行夯实，然后铺1.0～1.5cm的细砂，抹一层1.5～2.0cm厚的水泥砂浆；待砂浆强度达到设计强度的50%后，将其作为底模。在底模上架立槽架构件的侧面模板，并在底模及侧面模板上预涂废机油或肥皂液制作的隔离剂，然后架设钢筋骨架（钢筋骨架应先在工场绑扎好），浇筑混凝土并捣固成型。一两天后即可拆除侧面模板，并洒水养护。在构件强度达到设计强度的70%后拖出存放，以便重复利用场地。

（二）阴胎成模制作

阴胎成模制作是采用砌砖或夯实土料制作成阴胎，与浇筑构件接触的部分均

① 王春娟.浅谈水利工程渡槽基础承台施工[J].建材发展导向（下），2022，20（12）：126−128.

用1：3：8的水泥：黏土：砂的水泥黏土砂浆抹面并涂上脱模隔离剂。模内架设钢筋骨架和混凝土的浇筑方式与普通钢筋混凝土相同。构件养护到一定强度后即可把模型挖开，清除构件表面的灰土，此后便可进行吊装。阴胎成模制作可以节省模板，但生产效率低，制件外观质量差。

二、槽身预制与脱模施工

槽身预制应结合现场布置及吊装设备的性能，确定预制位置和浇制方式。对于非U形槽身一般可以整体预制，也可分片预制，而U形槽身则应整体预制。

（一）槽身模板的型式

槽身模板所用的材料和型式，应视工程具体情况而定，尽量就地取材。目前，在制作时广泛采用多种形式的内外模，如泥模、砖模以及钢模、木模等。泥模、砖模的主要优点是节省木料，制造简单，只需在施工现场砌成或挖成槽身形状，将表层抹平夯实，涂一层水泥砂浆，待干硬后加涂石灰水或废机油脱模剂1～2遍即可。

钢模、木模的主要优点是模板可以重复使用，适用于跨数较多的渡槽。

木内模有折合式、活动支撑式及土、木混合式等。外模多用活动支撑式。

活动支撑式内模、外模架立时，内模可一次立好，外模随混凝土浇筑面上升而逐步架立。外模固定在外架上，浇到顶部则不需再立外模。

（二）槽身预制与脱模

模板架立好后，将钢筋骨架运往预制现场施工。槽身混凝土浇筑方式分正置与反置两种。正置浇筑方式是在浇筑时保持槽口向上，其主要优点是内模拆卸方便，吊装时不需要翻转槽身，缺点是浇筑U形渡槽时，在45°圆心角的弧段处混凝土不易捣实。正置浇筑方式适用于大型渡槽，或槽身翻转时不够安全以及现场狭窄不便翻转槽身的工程。反置浇筑时槽口向下，其优点是插入捣实混凝土较容易，混凝土质量容易得到保证，拆模时间短，模板周转快，缺点是增加了翻槽的工序。对于反置槽身，需先布置架立筋或放置混凝土小垫块，用以承托主筋，并借此控制主筋的位置与尺寸，然后立横向主筋，最后布置纵向钢筋。在纵横向钢筋相交处用铅丝绑扎或点焊。

在槽身预制时通常由于槽壳较薄（一般厚度 $\delta=5\sim12$cm），为了确保混凝土浇筑质量，根据广东省湛江地区经验，在浇制槽身构件时，可采用较细的骨料，其粒径d=（1/3～1/4）δ，并适当降低水灰比和采用适合制作部位形状的插钎等措施，以提高混凝土的密实度。为了获得光滑的表面，应在模板上涂抹隔离剂（即脱模剂），生产实践中常利用废机油、废机油掺白蜡、柴油渣掺沥青等做脱模剂，取得了较好的效果。用废机油涂抹干得较慢，而用废机油掺白蜡干得较快，其废机油：白蜡的掺量比例是5：1。用柴油渣掺沥青做脱模剂时，柴油渣与沥青的配合比例是1：3，使用时将其混合烧煮即可。这些脱模剂原料容易获得，同时在小雨天气或露天也能应用，且效果良好。在有条件时，使用滑石粉做脱模剂，效果也很好。

矩形槽身的整体预制与U形槽身基本相同。但矩形槽身的预制可分块进行，通常可分成三块或两块浇制。分块预制的优点是吊装重量轻，预制方便，缺点是接头处需用水泥砂浆填充，多一道工序，并且影响渡槽的整体性和防渗性能。分块预制仅适用于吊装设备的起重能力不够大或槽身重量大的大中型渡槽的施工。

三、构件吊装与固定施工

构件吊装的设备有绳索（麻绳、钢丝绳等）、吊具（吊索、吊钩、卡环、横吊梁、撬杆等）、滑车及滑车组、倒链、千斤顶、牵引设备（绞磨、手摇绞车或电动绞车等）、锚碇、扒杆、简易缆索以及常用起重机械等吊装机组。这些吊装设备，一部分是国家定型产品，可以参照有关产品规格型号合理进行选用。还有一部分属于工地自行加工制作的机具，除了结合具体情况参照已有经验设计制作外，往往还需进行一些必要的校核验算以及现场试验，以最后确定合理的机具设备型式。有时，由于材料来源的限制或设备规格不合要求，施工人员应对已有材料、设备进行必要的技术鉴定、检查和试验，确定安全可靠才能使用，以免造成安全事故。

（一）槽架吊装

槽架吊装通常有滑行竖直吊插法和就地旋转立装法两种。

第一，滑行竖直吊插法，是用吊装机械将整个槽架滑行、竖直吊离地面，再对准并插入基础预留的杯形孔穴中，校正槽架后即可按设计要求做好槽架与基础的接头。

第二，就地旋转立装法，是设旋转轴于架脚上，槽架与基础铰接好后用吊装机械将其拉吊至槽架顶部，使槽架旋转立于基础中。这种方法比较省力；但基础孔穴一侧需要有缺口，并预埋铰圈，槽架预制时，必须对准基础孔穴缺口，槽架脚处亦应预埋铰圈。槽架吊装，随着采用机械的不同（如独脚扒杆、人字扒杆等）和采用机械数量的不同（如一台、两台、三台等），可以有不同的吊装方法，实际工程中应结合具体情况拟订恰当的方案。

（二）槽身吊装

渡槽槽身的吊装方法很多，按起重设备布置位置的不同，可分为起重设备架立于地面进行吊装和起重设备架立于槽架或槽身上进行吊装两大类。每类方法中又可因起重设备的型式不同而分成多种吊装方式。下面仅就水利工程中常见的或较典型的吊装方式，给以简要介绍：

1.起重设备架立于槽架或槽身上进行吊装

起重设备架立于槽架或槽身上进行吊装，不受地形条件限制，起重设备的高度不大，故适应性较强，运用较为广泛，但起重设备的组装和拆除需在高空进行，且移动较麻烦。有些吊装方法还会使已架立的槽架承受较大的偏心荷载，必须对槽架结构进行加强，这类吊装方法有下列类型：

（1）槽墩（架）上设置钢塔架进行吊装。例如采用设置于槽墩顶上的T形钢塔架抬吊渡槽侧墙构件（每片重20t），为使侧墙平移就位，钢塔顶部设置横梁（工字钢）和平移小车。如果布置合适也可吊装整体槽身。也可采用设置于四个排架柱顶的两副门形钢塔，抬吊整体槽身，槽身在墩柱中间预制，起吊后，低端先在枕头梁上落座就位。

（2）槽身上设置摇臂扒杆进行吊装。在已吊装就位的槽身上设置摇臂扒杆吊装邻跨槽身时，可采用端进法从一岸向另一岸推进，也可由两岸向中间推进，同时还可以吊装排架。这种吊装方法，不受起重设备高度和地形变化的限制，可以利用已安装好的槽身重量来平衡起吊重量，从而不用或少用风缆绳，既简化了吊装设备又减少了设置地锚的数量，具有施工速度快、吊装设备少、操作简便等特点。

2.起重设备立于地面进行吊装

起重设备立于地面进行吊装，工作比较方便，起重设备的组装和拆除比较容易；但起重设备的高度大，且易受地形限制。因此，这种吊装方法只适用于起重设备的高度不大和地势比较平坦的工程。

（1）独脚扒杆吊装。槽身重量及起吊高度不大时，采用两台或四台木制或钢管制独脚扒杆，抬吊比较合适。也可使用单根可摆动独脚扒杆吊装，中心扒杆采用螺栓连接，扒杆随吊装高度的变化而接长或减短；扒杆与底座之间采用双向铰，使扒杆能前后左右动作以扩大控制范围，便于槽身起吊和就位。扒杆顶端至少应设四根风缆绳，以维持扒杆的稳定，并在吊装时，通过收放风缆绳来调整扒杆倾角（一般在5°～10°）。

（2）龙门架吊装。采用两台钢结构龙门架吊装槽身时，可在龙门架顶部设置横梁和轨道，并装上行车，使槽身铅直起吊，平移就位。为使槽身平稳上升，可采用带蝴蝶绞的吊具，使槽身四个吊点受力均匀；为使行车易于平移，横梁轨道顶面应有一定坡度，行车能在自重作用下顺坡滑动，方便槽身平移到排架之上降落就位。

（3）其他方式吊装。起重设备架立于地面进行槽身吊装，还可采用悬臂扒杆、摇臂扒杆以及简易缆索吊装等方式，除简易缆索吊装将在后文叙述外，悬臂扒杆、摇臂扒杆的吊装方式的基本特点与独脚扒杆立于地面进行吊装的方式类似，在实际使用时，可结合各类扒杆的性能和工程具体情况加以考虑选用。此外，履带式和汽车式起重机吊装槽身，也都属于这一类的施工方式。

3.槽身绑扎

由于吊装时的受力条件与设计时所依据的运行条件不同，构件有可能因刚度和强度不足而发生扭曲和断裂。因此，在准备吊装结构设计时就应考虑构件的绑扎方法，认真选择吊点位置和数目，研究吊索捆绑的方式和方法。对于细长杆件组成的平面结构和薄壳结构，要进行吊装校核计算，必要时应采取临时加固措施，以增加其刚度，有时还要采取其他措施以提高其强度。绑扎构件除了应保证施工安全外，还应满足吊装方便迅速的要求。采用单吊点时，吊点应设在构件重心线上；采用多吊点时，吊点应对称排列在构件重心线的两侧。绑扎的构件还应便利地从水平方向上转动到安装位置上；如果构件在落座定位时需要在铅直平面内旋转一定角度，则吊点位置应尽可能靠近构件重心。

4.缆索吊装

缆索吊装也是一种将吊装机械置于地面上进行吊装的方法。当渡槽横跨峡谷、地形陡峻的山地、谷底较深的河谷，一般的扒杆长度难以达到要求吊装高度且构件无法在河谷内制作时，采用缆索吊装较为适合。

缆索吊装的特点，主要包括：①吊装控制长度大，300～400m跨度内一次架立缆架就可完成全部吊装，且受地形限制小，既适应于平原地区，也适应于深山峡谷地区；②可以沿建筑物轴线设置缆索，适用于长条形建筑物的吊装；③机动性较强，全部设备拆卸、搬运和组装都比较方便；④设备操作比较简单，准备工作量不大。

但是，对于分布面积较小，布置比较集中的建筑物，这一方法不如扒杆吊装方便；同时，缆索吊装还有较多的高空作业，需用人力也较多。

5.吊装安全技术及构件安装允许偏差

起重吊装是一项繁重和紧张的工作，必须防止发生安全事故。吊装工作开始前，应对吊装人员进行安全技术教育，明确职责；对吊装方法和步骤进行必要的训练，并进行试吊装；进行吊装工作时应有统一的指挥和统一的信号，做到步调一致。整个吊装过程应严格按照安全技术操作规程执行。

渡槽吊装时，构件安装允许偏差数值，应该按照有关技术规范规定的技术指标执行，也可以根据各工程的具体情况，规定一些相应的技术指标。

第二节　水利工程管道施工

随着经济的快速发展，水利工程建设进入高速发展阶段，许多项目中管道工程占有很大的比例，因此合理地进行管道设计不但能满足工程的实际需要，还能给工程带来有效的投资控制。目前管材的类型多样，主要有球墨铸铁管、钢管、玻璃钢管、塑料管（PVC-U管，PE管）以及钢筋混凝土管等。

一、管道工程开槽法施工

管道工程多为地下铺设管道，为铺设地下管道进行土方开挖叫挖槽。开挖的槽叫作沟槽或基槽，为建筑物、构筑物开挖的坑叫基坑。管道工程挖槽是主要工序，其特点是：管线长、工作量大、劳动繁重、施工条件复杂。又因为开挖地区的土成分较为复杂，施工中常受到水文地质、气候、施工地区等因素影响，因而一般较深的沟槽土壁常用木板或板桩支撑，当槽底位于地下水位以下时，需采取排水和能降低地下水位的施工方法。

（一）沟槽形式

沟槽的开挖断面应考虑管道结构的施工方便，确保工程质量和安全，具有一定强度和稳定性。同时应考虑少挖方、少占地、经济合理的原则。在了解开挖地段的土壤性质及地下水位情况后，可结合管径大小、埋管深度、施工季节、地下构筑物等情况，根据施工现场及沟槽附近地下构筑物的位置因素来选择开挖方法，并合理地确定沟槽开挖断面。常采用的沟槽断面形式有直槽、梯形槽、混合槽等；当有两条或多条管道共同埋设时，还需采用联合槽。

第一，直槽，即槽帮边坡基本为直坡（边坡小于0.05的开挖断面）。直槽一般用于地质情况好、工期短、深度较浅的小管径工程，如地下水位低于槽底，直槽深度不超过1.5m的情况。在地下水位以下采用直槽时则需考虑支撑。

第二，梯形槽（大开槽），即槽帮具有一定坡度的开挖断面，在开挖断面槽帮放坡，不用支撑。槽底如在地下水位以下，则采用人工降低水位的施工方法，减少支撑。采用此种大开槽断面，在土质好（如黏土、亚黏土）时，即使槽底在地下水以下，也可以在槽底挖成排水沟，进行表面排水，保证其槽帮土壤的稳定。大开槽断面是应用较多的一种形式，尤其适用于机械开挖的施工方法。

第三，混合槽，即由直槽与大开槽组合而成的多层开挖断面，较深的沟槽宜采用此种混合槽分层开挖断面。混合槽一般多为深槽施工。采取混合槽施工时上部槽尽可能采用机械施工开挖，下部槽的开挖常需同时考虑采用排水及支撑的施工措施。

沟槽开挖时，为防止地面水流入坑内冲刷边坡，造成塌方和破坏基土，上部应有排水措施。对于较大的井室基槽的开挖，应先进行测量定位，抄平放线，定出开挖宽度，按放线分层挖土，根据土质和水文情况采取在四侧或两侧直立开挖和放坡，以保证施工操作安全。放坡后基槽上口宽度由基础底面宽度及边坡坡度来决定，坑底宽度应根据管材、管外径和接口方式等确定，以便于施工操作。

（二）下管方法

下管方法有人工下管法和机械下管法。应根据管子的重量和工程量的大小、施工环境、沟槽断面、工期要求及设备供应等情况综合考虑确定选用。

1.人工下管

人工下管应以施工方便、操作安全为原则，可根据工人操作的熟练程度、管子重量、管子长短、施工条件、沟槽深浅等因素综合考虑。其适用范围为：管径小，自重轻；施工现场狭窄，不便于机械操作；工程量较小，而且机械供应有困难。

（1）贯绳下管法。适用于管径小于30cm以下的混凝土管、缸瓦管。用带铁钩的粗白棕绳，由管内穿出钩住管头，然后一边用人工控制白棕绳，一边滚管，将管子缓慢送入沟槽内。

（2）压绳下管法。压绳下管法是人工下管法中最常用的一种方法。适用于中、小型管子，方法灵活，可作为分散下管法。具体操作是在沟槽上边打入两根撬棍，分别套住一根下管大绳，绳子一端用脚踩牢，用手拉住绳子另一端，听从一人号令，徐徐放松绳子，直至将管子放至沟槽底部。当管子自重大，一根撬棍的摩擦力不能克服管子自重时，两边可各自多打入一根撬棍，以增大绳的摩擦阻力。

（3）集中压绳下管法。此种方法适用管径较大的管子，即从固定位置往沟槽内下管，然后在沟槽内将管子运至稳管位置。在下管处埋入1/2立管长度，内填土方，将下管用两根大绳缠绕（一般绕一圈）在立管上，绳子一端固定，另一端由人工操作，利用绳子与立管之间的摩擦力控制下管速度。操作时注意两边放绳要均匀，防止管子倾斜。

（4）搭架法（吊链下管）。常用三脚架式、四脚架式法，在架子上装上吊链起吊管子。其操作过程：先在沟槽上铺上方木，将管子滚至方木上。吊链将管子吊起，撤出原铺方木，操作吊链使管子徐徐下入沟底。下管用的大绳应质地坚固、不断股、不糟朽、无夹心。

2.机械下管

机械下管速度快、安全，并且可以减轻工人的劳动强度。条件允许时，应尽可能采用机械下管法。其适用条件为：管径大，自重大；沟槽深，工程量大；施工现场便于机械操作。

机械下管一般沿沟槽移动。因此，沟槽开挖时应一侧堆土，另一侧作为机械工作面，运输道路、管材堆放场地。管子堆放在下管机械的臂长范围之内，以减少管材的二次搬运。

机械下管视管子重量选择起重机械，常用有汽车起重机和履带式起重机。采用机械下管时，应设专人统一指挥。机械下管不应一点起吊，采用两点起吊时吊绳应找好重心，平吊轻放。各点绳索受的重力q与管子自重Q、吊绳的夹角α有关。

起重机禁止在斜坡地方吊着管子回转，轮胎式起重机作业前应将支腿撑好，轮胎不应承担起吊的重量。支腿距沟边要有2.0m以上距离，必要时应垫木板。在起吊作业区内，禁止无关人员停留或通过。在吊钩和被吊起的重物下面，严禁任何人通过或站立。起吊作业不应在带电的架空线路下进行，在架空线路同侧作业时，起重机臂杆距架空线保持一定安全距离。

（三）稳管作业

稳管，是将每节符合质量要求的管子按照设计的平面设置和高程稳在地基或基础上。稳管包括管子对中和对高程两个环节，两者同时进行。

1.管轴线位置的控制

管轴线位置的控制，是指所铺设的管线符合设计规定的坐标位置。其方法是在稳管前由测量人员将管中心钉测设在坡度板上，稳定时由操作人员将坡度板上中心钉挂上小线，即为管子轴线位置。稳管具体操作方法有中心线法和边线法。

（1）中心线法，即在中心线上挂一垂球，在管内放置一块带有中心刻度的水平尺，当垂球线穿过水平尺的中心刻度时，则表示管子已经对中。倘若垂线往水平尺中心刻度左边偏离，表明管子往右偏离中心线相等一段距离，调整管子位置，使其居中为止。

（2）边线法，即在管子同一侧，钉一排边桩，其高度接近管中心处。在边桩上钉一小钉，其位置距中心垂线保持同一常数。稳管时，将边桩上的小钉挂上边线，即边线是与中心垂线相距同一距离的水平线。在稳管操作时，使管外皮与边线保持同一间距，则表示管道中心处于设计轴线位置。边线法稳管操作简便，应用较为广泛。

2.管内底高程控制

沟槽开挖接近设计标高，由测量人员埋设坡度板，坡度板上标出桩号、高程和中心钉，坡度板埋设间距，排水管道一般为10m，给水管道一般为15～20m。管道平面及纵向折点和附属构筑物处，根据需要增设坡度板。

相邻两块坡度板的高程钉至管内底的垂直距离保持一常数，两个高程钉的连线坡度与管内底坡度相平行，该连线称坡度线。坡度线上任何一点到管内底的垂直距离为一常数，称为下反数，稳管时，用一木制丁字形高程尺，上面标出下反数刻度，将高程尺垂直放在管内底中心位置，调整管子高程，使高程尺下反数的刻度与坡度线相重合，则表明管内底高程正确。

稳管工作的对中和对高程两者同时进行，根据管径大小，可由2人或4人进行，互相配合，稳好后的管子用石块垫牢。

二、管道工程不开槽法施工

地下管道在穿越铁路、河流、土坝等重要建筑物和不适宜采用开槽法施工时，可选用不开槽法施工。其施工的特点为：不需要拆除地上的建筑物、不影响地面交通、减少土方开挖量、管道不必设置基础和管座、不受季节影响，有利于文明施工。

管道不开槽法施工种类较多，可归纳为掘进顶管法、不取土顶管法、盾构法和暗挖法等。暗挖法与隧洞施工有相似之处，以下主要介绍顶管法和盾构法。

（一）掘进顶管法

掘进顶管法包括人工取土顶管法、机械取土顶管法等。

1.人工取土顶管

人工取土顶管法是依靠人工在管内端部挖掘土壤，然后在工作坑内借助顶进设备，把敷设的管子按设计中心和高程的要求顶入，并用小车将土从管中运出。此方法适用于管径大于800mm的管道顶进，应用较为广泛。

（1）顶管施工的准备工作。工作坑是掘进顶管施工的主要工作场所，应有足够的空间和工作面，保证下管、安装顶进设备和操作间距可以顺利进行。施工前，要选定工作坑的位置、尺寸及进行顶管后背验算。后背可分为浅覆土后背和深覆土后背，具体计算可按挡土墙计算方法确定。顶管时，后背不应当破坏及产生不允许的压缩变形。工作坑的位置可根据以下条件确定：

第一，根据管线设计，排水管线可选在检查井处。

第二，单向顶进时，应选在管道下游端，以利排水。

第三，考虑地形和土质情况，选择可利用的原土后背。

第四，工作坑与被穿越的建筑物要有一定安全距离。

（2）挖土与运土。管前挖土是保证顶进质量及地上构筑物安全的关键，管前挖土的方向和开挖形状直接影响顶进管位的准确性。由于管子在顶进中是循着已挖好的土壁前进的，管前周围超挖应严格控制。

管前挖土深度一般等于千斤顶出镐长度，如土质较好，可超前0.5m。超挖深度过大，土壁开挖形状就不易控制，易引起管位偏差和上方土坍塌。在松软土层中顶进时，应采取管顶上部土壤加固或管前安设管檐，操作人员只在其内挖土，防止坍塌伤人。

管前挖出土应及时外运。管径较大时，可用双轮手推车推运。管径较小应采用双筒卷扬机牵引四轮小车出土。

（3）顶进。顶进是利用千斤顶出镐在后背不动的情况下将管子推向前进。其操作过程如下：

第一，安装好顶铁挤牢，管前端已挖一定长度后，启动油泵，千斤顶进油，活塞伸出一个工作行程，将管子推向一定距离。

第二，停止油泵，打开控制闸，千斤顶回油，活塞回缩。

第三，添加顶铁，重复上述操作，直至需要安装下一节管子为止。

第四，卸下顶铁，下管，在混凝土管接口处放一圈麻绳，以保证接口缝隙和受力均匀。

第五，在管内口处安装一个内涨圈，作为临时性加固措施，防止顶进纠偏时错口，涨圈直径小于管内径5～8cm，空隙用木楔背紧，涨圈用7～8mm厚钢板焊制，宽200～300mm。

第六，重新装好顶铁，重复上述操作。

在顶进过程中，要做好顶管测量及误差校正工作。

2.机械取土顶管

机械取土顶管与人工取土顶管除了掘进和管内运土具体过程不同外，其余部分大致相同。机械取土顶管是在被顶进管子前端安装机械装置钻进的挖土设备，配上皮带运土，可代替人工挖、运土。

（二）盾构施工法

盾构机是用于地下不开槽法施工时进行地层开挖及衬砌拼装时起支护作用的施工设备，由开挖系统、推进系统和衬砌拼装系统三部分组成。

1.施工准备

盾构施工前应根据设计提供的图纸和有关资料，对施工现场进行详细勘察，对地上障碍物、地下障碍物、地形、土质、地下水和现场条件等诸方面进行了解，根据勘察结果，编制盾构施工方案。

盾构施工的准备工作还应包括测量定线、衬块预制、盾构机械组装、降低地下水位、土层加固以及工作坑开挖等。

2.盾构工作坑及始顶

盾构法施工也应当设置工作坑，作为盾构开始、中间和结束井。

开始工作坑与顶管工作坑相同，其尺寸应满足盾构和顶进设备尺寸的要求。工作坑周壁应做支撑或者采用沉井或连续墙加固，防止坍塌，并在顶进装置背后做好牢固的后背。

盾构在工作坑导轨上至盾构完全进入土中的这一段距离，借助外部千斤顶顶进。与顶管方法相同。

当盾构进入土中以后，在开始工作坑后背与盾构衬砌环之间各设置一个木环，其大小尺寸与衬砌环相等，在两个木环之间用圆木支撑，作为始顶段的盾构千斤顶的支撑结构。一般情况下，衬砌环长度达30～50m，才能起到后背作用，方可拆除工作坑内圆木支撑。

如顶段开始后，即可起用盾构本身的千斤顶，将切削环的刃口切入土中，在切削环掩护下进行掘土，一面出土一面将衬砌块运入盾构内，待千斤顶回镐后，其空隙部分进行砌块拼装。再以衬砌环为后背，启动千斤顶，重复上述操作，盾构便不断前进。

3.衬砌和灌浆

按照设计要求，确定砌块形状和尺寸以及接缝方法，接口用平口、企口和螺栓连接。

企口接缝防水性能好，但拼装复杂；螺栓连接整体性好，刚度大。砌块接口涂抹黏结剂，提高防水性能，常用的黏结剂有沥青玛脂、环氧胶泥等。

砌块外壁与土壁间的间隙应用水泥砂浆或豆石混凝土浇筑。通常每隔3～5衬砌环有一灌注孔环，此环上设有4～10个灌注孔。灌注孔直径不小于36mm。

灌浆作业应及时进行。灌入自下而上，左右对称地进行。灌浆时应防止浆液漏入盾构内，在此之前应做好止水。

砌块衬砌和缝隙注浆合称为一次衬砌。二次衬砌按照动能要求，在一次衬砌合格后，可进行二次衬砌。二次衬砌可浇筑豆石混凝土、喷射混凝土等。

第三节　水利工程水闸与渠系建筑物施工

一、水利工程水闸施工

水闸是一种低水头的水工建筑物，具有挡水和泄水的双重作用，用以调节水位、控制流量。

（一）水闸主体结构的施工

“水利工程水闸施工技术是水利工程施工技术的重要组成部分”①，水闸主体结构施工主要包括闸身上部结构预制构件的安装以及闸底板、闸墩、止水设施和门槽等方面的施工内容。

为了尽量减少不同部位混凝土浇筑时相互干扰的情况，在安排混凝土浇筑施工次序时，可从这些方面考虑：①先深后浅，先浇深基础，后浇浅基础，以避免浅基础混凝土产生裂缝；②先重后轻，荷重较大的部位优先浇筑，待其完成部分沉陷后，再浇相邻荷重较小的部位，以减小两者之间的不均匀沉陷；③先主后次，优先浇筑上部结构复杂、工种多、工序时间长、对工程整体影响大的部位或浇筑块；④穿插进行，在优先安排主要关键项目、部位的前提下，见缝插针，穿插安排一些次要、零星的浇筑项目或部位。

1.水闸底板施工

水闸底板有平底板与反拱底板两种，平底板为常用底板。这两种闸底板虽都是混凝土浇筑，但施工方法并不一样。平底板的施工总是先于墩墙，而反拱底板的施工，一般是先浇墩墙，预留联结钢筋，待沉陷稳定后再浇反拱底板。

（1）平底板的施工。混凝土水闸常被沉降缝和温度缝分为许多结构块，施工时应尽量利用结构缝分块。当永久缝间距很大，所划分的浇筑块面积太大，以致混凝土拌和运输能力或浇筑能力满足不了需要时，则可设置一些施工缝，将浇筑块面积划小些。浇注块的大小，可根据施工条件，在体积、面积及高度三个方面进行控制。

闸室地基处理后，软基上多先铺筑素混凝土垫层8～10cm，以保护地基，找平基面。浇筑前先进行扎筋、立模、搭设仓面脚手架和清仓等工作。

浇筑底板时，运送混凝土入仓的方法很多。可以用载重汽车装载立罐通过履

---

① 罗创.水利工程水闸施工技术的应用分析[J].水上安全，2023（09）：163–165.

带式起重机吊运入仓，也可以用自卸汽车通过卧罐、履带式起重机入仓。采用上述两种方法时，都不需要在仓面搭设脚手架。

一般中小型水闸多采用手推车或机动翻斗车等运输工具运送混凝土入仓，且需在仓面设脚手架。

水闸平底板的混凝土浇筑，一般采用平层浇筑法。但当底板厚度不大，拌和站的生产能力受到限制时，亦可采用斜层浇筑法。

底板混凝土的浇筑，一般先浇上、下游齿墙，然后再从一端向另一端浇筑。当底板混凝土方量较大，且底板顺水流长度在12m以内时，可安排两个作业组分层浇筑。首先两组同时浇筑下游齿墙，待齿墙浇平后，将第二组调至上游齿墙，另一组自下游向上游开浇第一坯底板。上游齿墙组浇完，立即调到下游开浇第二坯，而第一坯组浇完又掉头浇第三坯。这样交替连环浇注可缩短每坯的间隔时间，加快进度，避免产生冷缝。

钢筋混凝土底板，往往有上下两层钢筋。在进料口处，上层钢筋易被砸变形。故开始浇筑混凝土时，上层钢筋可暂不绑扎，待混凝土浇筑面将要到达上层钢筋位置时，再进行绑扎，以免因校正钢筋变形延误浇筑时间。

（2）反拱底板的施工。由于反拱底板对地基的不均匀沉陷反应敏感，因此必须注意施工程序。目前采用的有下述两种方法：

第一，先浇筑闸墩及岸墙，后浇反拱底板。为减少水闸各部分在自重作用下产生不均匀沉陷，造成底板开裂破坏，应尽量将自重较大的闸墩、岸墙先浇筑到顶（以基底不产生塑性为限）。接缝钢筋应预埋在墩墙底板中，以备今后浇入反拱底板内。岸墙应及早夯填到顶，使闸墩岸墙地基预压沉实。此法目前采用较多，对于黏性土或砂性土均可适用。

第二，反拱底板与闸墩岸墙底板同时浇筑。此法适用于地基较好的水闸，虽然对反拱底板的受力状态较为不利，但其保证了建筑的整体性，同时减少了施工工序，便于施工安排。对于缺少有效排水措施的砂性土地基，采用此法较为有利。

2.闸墩施工

由于闸墩高度大、厚度小，门槽处钢筋较密，对闸墩相对位置要求严格，所以闸墩的立模与混凝土浇筑是施工中的主要难点。

（1）闸墩模板安装。为使闸墩混凝土一次浇筑达到设计高程，闸墩模板不仅要有足够的强度，而且要有足够的刚度。所以闸墩模板安装以往采用“铁板螺栓、对拉撑木”的立模支撑方法。此法虽需耗用大量木材（对于木模板而言）和钢材，工序繁多，但在中小型水闸施工中仍较为方便。有条件的施工单位，在闸墩混凝土浇筑中逐渐采用翻模施工方法。

立模前，应准备好用于固定模板的对销螺栓及空心钢管等。常用的对销螺栓有两种形式：一种是两端都有车螺纹的圆钢；另一种是一端带螺纹，另一端焊接上一块5mm×40mm×400mm的扁铁的螺栓，扁铁上钻两个圆孔，以便将其固定在对拉撑木上。空心圆管可用长度等于闸墩厚度的毛竹或混凝土空心撑头。

闸墩立模时，其两侧模板要同时相对进行。先立平直模板，后立墩头模板。在闸底板上架立第一层模板时，模板上口必须保持水平。在闸墩两侧模板上，每隔1m左右钻与螺栓直径相应的圆孔，并于模板内侧对准圆孔撑以毛竹或混凝土撑头，然后将螺栓穿入，且两头穿出横向围囹和竖向围囹，然后用螺帽固定在竖向围囹上。铁板螺栓带扁铁的一端与水平拉撑木相接，与两端均车螺丝的螺栓相间布置。

翻模施工法立模时一次至少立三层，当第二层模板内混凝土浇至腰箍下缘时，第一层模板内腰箍以下部分的混凝土须达到脱模强度，这样便可拆掉第一层，去架立第四层模板，并绑扎钢筋。依此类推，保持混凝土浇筑的连续性，以避免产生冷缝。

（2）混凝土浇筑。闸墩模板立好后，随即进行清仓工作。清仓用高压水枪冲洗模板内侧和闸墩底面，污水则由底层模板的预留孔排出，清仓完毕堵塞小孔后，即可进行混凝土浇筑。闸墩混凝土的浇筑，主要是解决两个问题：一是每块底板上闸墩混凝土的均衡上升；二是流态混凝土的入仓方式及仓内混凝土的铺筑方法。

当落差大于2m时，为防止流态混凝土下落产生离析，应在仓内设置溜管，可每隔2～3m设置一组。仓内可把浇筑面分划成几个区段，分段进行浇筑。每坯混凝土厚度可控制在30cm左右。

（二）闸门的安装施工

闸门是水工建筑物的孔口上用来调节流量，控制上下游水位的活动结构。它是水工建筑物的一个重要组成部分。

闸门主要由三部分组成：主体活动部分，用以封闭或开放孔口，通称闸门或门叶；埋固部分，是预埋在闸墩、底板和胸墙内的固定件，如支承行走埋设件、止水埋设件和护砌埋设件等；启闭设备，包括连接闸门和启闭机的螺杆或钢丝绳索和启闭机等。

闸门按其结构形式可分为平面闸门、弧形闸门及人字闸门三种。闸门按门体的材料可分为钢闸门、钢筋混凝土或钢丝水泥闸门、木闸门及铸铁闸门等。

1.平面闸门

平面钢闸门的闸门主要由面板、梁格系统、支承行走部件、止水装置和吊具等组成。

（1）埋件安装。闸门的埋件是指埋设在混凝土内的门槽固定构件，包括底槛、主轨、侧轨、反轨和门楣等。安装顺序一般是设置控制点线，清理、校正预埋螺栓，吊入底槛并调整其中心、高程、里程和水平度，经调整、加固、检查合格后，浇筑底槛二期混凝土。设置主、反、侧轨安装控制点，吊装主轨、侧轨、反轨和门楣并调整各部件的高程、中心、里程、垂直度及相对尺寸，经调整、加固、检查合格后，分段浇筑二期混凝土。二期混凝土拆模后，复测埋件的安装精度和二期混凝土槽的断面尺寸，误差超出允许范围的部位需进行处理，以防出现闸门关闭不严、漏水或启闭时卡阻现象。

（2）门叶安装。如门叶尺寸小，则在工厂制成整体运至现场，经复测检查合格，装上止水橡皮等附件后，直接吊入门槽。如门叶尺寸大，由工厂分节制造，运到工地后，再现场组装。

第一，闸门组装。组装时，要严格控制门叶的平直性和各部件的相对尺寸。分节门叶的节间联结通常采用焊接、螺栓联结、销轴联结三种方式。

第二，闸门吊装。分节门叶的节间如果是螺栓和销轴联结的闸门，若起吊能力不够，则在吊装时需将已组成的门叶拆开，分节吊入门槽，在槽内再联结成整体。

（3）闸门启闭试验。闸门安装完毕后，需做全行程启闭试验，要求门叶启闭灵活无卡阻现象，闸门关闭严密，漏水量不超过允许值。

2.弧形闸门

弧形闸门由弧形面板、梁系和支臂组成。弧形闸门的安装，根据其安装位置不同，分为露顶式弧形闸门安装和潜孔式弧形闸门安装。

（1）露顶式弧形闸门安装。露顶式弧形闸门包括底槛、侧止水座板、侧轮导板、铰座和门体。安装顺序如下：

第一，在一期混凝土浇筑时预埋铰座基础螺栓，为保证铰座的基础螺栓安装准确，可用钢板或型钢将每个铰座的基础螺栓组焊在一起，进行整体安装、调整、固定。

第二，埋件安装，先在闸孔混凝土底板和闸墩边墙上放出各埋件的位置控制点，接着安装底槛、侧止水导板、侧轮导板和铰座，并浇筑二期混凝土。

第三，门体安装，有分件安装和整体安装两种方法。分件安装是先将铰链吊起，插入铰座，于空间穿轴，再将吊支臂用螺栓与铰链连接；也可先将铰链和支臂组成整体，再吊起插入铰座进行穿轴；若起吊能力许可，可在地面穿轴后，再整体吊入。2个直臂装好后，将其调至同一高程，再将面板分块装于支臂上，调整合格后，进行面板焊接和将支臂端部与面板相连的连接板焊好。门体装完后起落2次，使其处于自由状态，然后安装侧止水橡皮，补刷油漆，最后再启闭弧门检查有无卡阻和止水不严现象。整体安装是在闸室附近搭设的组装平台上进行，将2个已分别与铰链连接的支臂按设计尺寸用撑杆连成一体，再于支臂上逐个吊装面板，将整个面板焊好，经全面检查合格，拆下面板，将2个支臂整体运入闸室，吊起插入铰座，进行穿轴，而后吊装面板。此法一次起吊重量大，2个支臂组装时，其中心距要严格控制，否则会给穿轴带来困难。

（2）潜孔式弧形闸门安装。设置在深孔和隧洞内的潜孔式弧形闸门，顶部有混凝土顶板和顶止水，其埋件除与露顶式相同的部分外，一般还有铰座钢梁和顶门楣。安装顺序如下：

第一，铰座钢梁应和铰座组成整体，将其吊入二期混凝土的预留槽中安装。

第二，埋件安装。深孔弧形闸门是在闸室内安装，故在浇筑闸室一期混凝土时，就需将锚钩埋好。

第三，门体安装方法与露顶式弧形闸门的基本相同，可以分体装，也可整体装。门体装完后要起落数次，根据实际情况，调整顶门楣，使弧形闸门在启闭过程中不发生卡阻现象，同时门楣上的止水橡皮能和面板接触良好，以免启闭过程中门叶顶部发生涌水现象。调整合格后，浇筑顶门楣二期混凝土。

第四，为防止闸室混凝土在流速高的情况下发生空蚀和冲蚀，有的闸室内壁设钢板衬砌。钢衬可在浇筑二期混凝土时安装，也可在浇筑一期混凝土时安装。

3.人字闸门

人字闸门由底枢装置、顶枢装置、支枕装置、止水装置和门叶组成。人字闸门分埋件和门叶两部分进行安装。

（1）埋件安装。包括底枢轴座、顶枢埋件、枕座、底槛和侧止水座板等。其安装顺序为：设置控制点，校正预埋螺栓，在底枢轴座预埋螺栓上加焊调节螺栓和垫板。将埋件分别布置在不同位置，根据已设的控制点进行调整，在其符合要求后，加固并浇筑二期混凝土。为保证底止水安装质量，在门叶全部安装完毕后，进行启闭试验时安装底槛，安装时以门叶实际位置为基准，并根据门叶关闭后止水橡皮的压缩程度适当调整底槛，合格后浇筑二期混凝土。

（2）门叶安装。首先在底枢轴座上安装半圆球轴（蘑菇头），同时测出门叶的安装位置，一般设置在与闸门全开位置呈120°～130°的夹角处。门叶安装时需有2个支点，底枢半圆球轴为一支点，在接近斜接柱的纵梁隔板处用方木或型钢铺设另一临时支点。根据门叶大小、运输条件和现场吊装能力，通常采用整体吊装、现场组装和分节吊装等三种安装方法。

二、渠系建筑物的施工

渠系建筑物主要包括渠道、渡槽、涵洞、倒虹吸管、跌水与陡坡、水闸等。以下着重介绍渠道、渡槽的施工方法。

（一）渠道施工

渠道施工包括渠道开挖、渠堤填筑和渠道衬砌。渠道施工的特点是工程量大，施工线路长，场地分散；但工种单纯，技术要求较低。

1.渠堤填筑

渠堤填筑前要进行清基，清除基础范围内的块石、树根、草皮、淤泥等杂质，并将基面略加平整，然后进行刨毛。如果基础过于干燥，还应洒水湿润，然后再填筑。

筑堤用的土料，以土块小的湿润散土为宜，如沙质壤土或沙质黏土。如多种材料并用时，应将透水性小的土料填筑在迎水面，透水性大的填筑在背水面。土料中不得掺有杂质，并应保持一定的含水量，以利压实。严禁使用冻土、淤泥、净砂等。

填方渠道的取土坑与堤脚应保持一定距离，挖土深度不宜超过2m，取土宜先远后近，并留有斜坡道以便运土。半填半挖渠道应尽量利用挖方填堤，只有土料不足或土质不能满足填筑要求时，才在取土坑取土。

渠堤填筑应分层进行。每层铺土厚度以20～30cm为宜，并应铺平铺匀。每层铺土宽度应保证土堤断面略大于设计宽度，以免削坡后断面不足。堤顶应做成坡度为2%～4%的坡面，以利排水。填筑高度应考虑沉陷，一般可预加5%的沉陷量。

2.渠道衬护

渠道衬护就是用灰土、水泥土、块石、混凝土、沥青、塑料薄膜等材料在渠道内壁铺砌一衬护层。在选择衬护类型时，应考虑以下原则：防渗效果好，因地制宜，就地取材，施工简便，能提高渠道输水能力。

（1）灰土衬护。灰土是由石灰和土料混合而成。衬护的灰、土比一般为1：2～1：6（重量比）。衬护厚度一般为20～40cm。灰土施工时，先将过筛后的细土和石灰粉干拌均匀，再加水拌和，然后堆放一段时间，使石灰粉充分熟化，稍干后即可分层铺筑夯实，拍打坡面消除裂缝。

灰土夯实后应养护一段时间再通水。

（2）砌石衬护。砌石衬护有三种形式：干砌块石、干砌卵石和浆砌块石。干砌块石用于土质较好的渠道，主要起防冲作用；浆砌块石用于土质较差的渠道，起抗冲防渗作用。用干砌卵石衬砌施工时，应先按设计要求铺设垫层，然后再砌卵石。砌筑卵石以外形稍带扁平而大小均匀的为好。砌筑时应采用直砌法，即要求卵石的长边垂直于边坡或渠底，并砌紧、砌平、错缝，且坐落在垫层上。为了防止砌面被局部冲毁而扩大裂隙，每隔10～20m距离，用较大的卵石干砌或浆砌一道隔墙，隔墙深60～80cm，宽40～50cm，以增加渠底和边坡的稳定性。渠底隔墙可砌成拱形，其拱顶迎向水流方向修建，以提高抗冲能力。

砌筑顺序应遵循“先渠底，后边坡”的原则。

块石衬砌时，石料的规格一般为长40～50cm，宽30～40cm，厚度不小于8～10cm，要求有一面平整。

（3）混凝土衬护。混凝土衬护由于防渗效果好，一般能减少90%以上渗漏量，耐久性强，糙率小，强度高，便于管理，适应性强，因而成为一种广泛采用的衬护方法。

混凝土衬护有现场浇筑和预制装配两种形式。前者接缝少、造价低，适用于挖方渠段，后者受气候条件影响小，适用于填方渠段。

大型渠道的混凝土衬护多采用现浇施工。在渠道开挖和压实后，先设置排水，铺设垫层，然后浇筑混凝土。浇筑时按结构缝分段，一般段长为10m左右，先浇渠底，后浇渠面。渠底一般采用跳仓法浇筑。

装配式混凝土衬护，是在预制厂制作混凝土衬护板，运至现场后进行安装，然后灌注填缝材料。装配式混凝土预制板衬护，具有质量容易保证、施工受气候条件影响较小的特点。但接缝较多且防渗、抗冻性能较差，故多用于中小型渠道。

（二）渡槽施工

渡槽按施工方法分为装配式渡槽和现浇式渡槽两种类型。装配式渡槽具有简化施工、缩短工期、提高质量、减轻劳动强度、节约钢木材料、降低工程造价的作用，所以被广泛采用。

1.装配式渡槽施工

装配式渡槽施工，包括预制和吊装两个过程。

（1）构件的预制。

第一，排架的预制。槽架是渡槽的支承构件，为了便于吊装，一般选择靠近槽址的场地进行预制。制作的方式有地面立模和砖土胎模两种。

第二，槽身的预制。槽身的预制宜在两排架之间或排架一侧进行。槽身的方向可以垂直或平行于渡槽的纵向轴线，根据吊装设备和方法而定。要避免因预制位置选择不当，从而造成起吊时发生摆动或冲击现象。

第三，预应力构件的制造。在制造装配式梁、板及柱时采取预应力钢筋混凝土结构，不仅能提高混凝土的抗裂性与耐久性，减轻构件自重，并可减少20%～40%的钢筋使用量。预应力就是在构件使用前加一个力，使构件产生应力，以抵消构件使用时荷载产生相反的应力。制造预应力钢筋混凝土构件的方法很多，基本上可分为先张法和后张法两大类。

（2）渡槽的吊装。

第一，排架的吊装。槽架下部结构有支柱、横梁和整体排架等。支柱和排架的吊装通常有垂直吊插法和就地旋转立装法两种。

第二，槽身的吊装。槽身的吊装，基本上可分为两类，即起重设备架立于地面上吊装及起重设备架立于槽墩或槽身上吊装。

2.现浇式渡槽施工

现浇式渡槽的施工，主要包括槽墩和槽身两部分。

（1）槽墩的施工。渡槽槽墩的施工，一般采用常规方法，也可采用滑升模板施工。使用滑升模板时，一般采用坍落度小于2cm的低流态混凝土，同时还需要在混凝土内掺速凝剂，以保证随浇随滑升，不致使混凝土坍塌。

（2）槽身的施工。渡槽槽身的混凝土浇筑，就整座渡槽的浇筑顺序而言，有从一端向另一端推进或从两端向中部推进以及从中部增加两个工作面向两端推进等几种方式。槽身如采取分层浇筑时，必须合理选取分层高度，应尽量减少层数，并提高第一层的浇筑高度。对于断面较小的梁式渡槽一般采用全断面一次平起浇筑的方式。U形薄壳双悬臂梁式渡槽，一般采用全断面一次平起浇筑。

第五章　水利水电工程泵站与水电站施工

泵站与水电站都是水利工程的重要组成部分，它们在调节水位、提供能源、促进经济发展和改善生态环境等方面发挥着重要作用。本章讨论水利水电泵站工程施工、水电站水轮机施工、水电站厂房施工。

第一节　水利水电泵站工程施工

水利建设是我国经济建设的重要组成部分，关系到我国社会经济的发展和稳定。“作为促进我国社会快速发展的基础设施建设，水利水电工程具有广泛的应用范围。”[①]水利泵站是水利工程的重要组成部分，其质量直接影响到水利工程的安全性和稳定性。

随着社会经济发展水平日益提高，我国对水利工程各个方面都进行了大力的投资建设。在泵房基础工程中主要包括泵站设备和管道装置。而在泵房泵站工程中涉及的主要是泵阀和管道，泵阀施工质量直接影响泵站运行时的水流方向，决定着工程质量以及设备安全性。而对施工过程中出现的质量问题及解决方法进行研究已成为当前水利泵房泵站建设工作中需要关注与解决的重点问题之一。

一、泵阀的安装施工

泵站在安装过程中，其安装的位置以及距离不正确会影响泵的抽水量以及扬程。

第一，在泵阀阀口安装过程中，需要注意阀体和泵管之间的距离。

第二，在泵阀安装完毕后，还需要进行水压试验检查泵阀是否能够正常工作，如果出现漏水或者不达标等现象应及时处理。

第三，泵安装时要严格按照相关规定进行操作，同时还要注意泵阀是否密封。

第四，在泵运行过程中要保持其正常工作状态，一旦出现异常情况会影响泵

① 颜万坤.试论水利水电泵站基础施工技术应用[J].建筑与装饰，2022（15）：190-192.

站的正常运行。

第五，在泵站的施工过程中要及时对其进行检修，同时也要保证泵站内部结构不被损坏。

第六，在水泵阀和管道安装完成后还需要对其进行检验以及试验，确保整个系统完全达到施工标准要求。

第七，当泵房泵站安装完成后需要进行验收确认，对不符合要求的部分进行返工处理。

二、管道的焊接工作

施工中管道焊接工作不能忽视，施工前需要对其进行检查和检测。

第一，焊缝的无损检测，应根据管道所处的不同位置，确定在不同部位需要进行无损检测，如法兰连接处、弯头、三通以及弯头与三通连接处等。

第二，焊工持证上岗，焊工需持有相应等级的焊工证书。

第三，焊接过程中要保证焊缝的外观质量，同时还要做好焊接质量检查工作。

第四，管道安装完毕后，必须进行打压试验、灌水试验，等合格后才能投入使用。

第五，焊接完成之后要对管道进行清洗。

第六，管道内严禁带入杂物或者是有害气体等，在投入使用需对其进行彻底清扫。

三、混凝土浇筑

混凝土浇筑应连续进行，并应符合下列规定：

第一，混凝土的运输与搅拌时间、浇筑时间、振捣时间均不应少于15min。

第二，施工现场应有排水系统，防止水患。

第三，混凝土浇筑应在设计规定的振捣时间内进行，振捣时要使底部钢筋网及垫块均匀地覆盖和密实，要做到表面平整、不掉皮。

第四，振捣后立即覆盖薄膜并用铁铲刮平。

第五，浇筑后的第一天要及时补加水。当第一次浇筑完混凝土后，如果没有发生任何裂缝则不需要补加水；如果在一段时间内出现了裂缝或明显下沉，则应补充一定的水量或掺加少量水泥浆并再次进行振捣。当第二次浇筑时要注意对模板的清洗，以免造成砼质量问题及出现裂缝，影响混凝土的正常使用。

当浇筑砼强度达到设计要求后，应立即进行二次振捣以保证砼的和易性、密实性和强度。在混凝土二次振捣中应采取防止新旧砼界面分离和表面空鼓、蜂窝、麻面等措施，防止出现局部离析及漏振的现象。二次振捣完成后需及时进行表面收面并进行养护管理，待初凝后再拆除模板并对砼面进行修整。

四、钢筋绑扎与安装

第一，钢筋绑扎过程中，易造成钢筋在混凝土中被拉断，甚至出现混凝土开裂、露筋等质量问题。

第二，钢筋安装时易出现安装不到位、不稳固等现象，导致钢筋弯曲、锈蚀等后果。

第三，由于施工场地狭小，对钢筋绑扎和安装产生了较大的不良影响。

第四，当采用焊接时，焊工必须具有相应的资质证书；当采用螺纹连接时，对焊工必须进行考核并确认其已取得合格证。

第五，混凝土浇筑前需对混凝土进行养护及在浇筑过程中进行监控。

第六，加强安全管理工作，在施工过程中要做好防火、防水工作。

第七，严格按照国家规范要求设置好各种警示标志，严禁使用无合格证的焊工进行焊接施工。

五、设备检查和验收

在对水利泵站进行施工前，首先要对泵站的设备情况进行检查，主要包括检查电机和电缆的情况等。然后对设备进行全面的检查，再看是否有漏水现象。在对设备的材料进行检查时，首先要保证工程建设所需要材料的质量和规格。在工程建设中施工人员需要根据施工方案确定使用什么类型和数量的钢筋，并保证每一种类型钢筋的规格都能够满足施工要求。其次根据设备安装图纸进行检查，要将所有与设备有关的零部件逐一检查，确保每一个零部件不存在安全隐患或缺陷问题。再次对每个重要部件或者连接件进行检验时，要将其连接处固定牢固，不能有零件松动等情况发生。最后还应该在水泵机组设备安装完毕后进行验收，主要包括管道系统与设备方面。通过检验管道和水泵机组、密封情况和阀门等方面是否合格来保证施工质量。

第二节　水电站水轮机施工

“水电站作为将水资源转化为电能的单位，具有十分重要的地位。水电站能否正常、高效运转一定程度上取决于水轮机能否正常运转，因此，水轮机的安装质量直接决定着水电站投运后的经济和社会效益。”[①]水轮机是水力发电站的最主要设备之一，其中立轴混流式水轮机为最常用的水轮发电机组；其蜗壳为全包角式金属蜗壳，转轮直径约为1740mm；主要由埋入部分、导水机构部分、转动部分、油导轴承部分、调速机构部分和管路部分组成。每一部分的施工安装正确、科学与否，都会对水轮发电机组的性能产生重要影响；施工过程中必须准确把握。

下面以中小型水电站水轮机的施工为例，进行说明。

一、电站水轮机施工准备工作

第一，对整个工程施工作业的基本计划、要求要有充分的了解。

第二，对水轮机的设计、安装图纸以及制造厂商提供的技术资料要做到充分了解，在明确水轮机设备结构、特点和安装技术、施工工艺等基本要求的基础上，才能顺利开展施工工作。

第三，为保证施工的准确性和施工过程的安全，要切实依据水电施工工程特点，结合具体施工现场情况，做好施工流程的编制工作。

第四，为保证水轮机施工工程保质保量地完成，具体开工前要做好向施工人员的技术交底工作。

第五，依据设备结构特点和施工现场情况，做好施工工具准备工作。

二、水电站水轮机的安装施工

（一）预装水轮机导水机构

导水机构是水轮机结构的重要组成部分，主要作用在于引导水轮机工作引导水流，使其以一定的流量和流速以及方向等进入水轮机转轮结构，最终形成环量冲击转轮，使水轮机转轮发生转动，进而带动机组发电。

1.安装导水机构的底环

第一项工作是清理座环面，使用筐式水平仪和平衡梁等对座环上的底环和顶

① 杨剑.水电站水轮机安装探讨[J].机电信息，2016（06）：49-50.

盖等的安装面水平度进行复测，检查其是否达到安装要求。如果是安装面水平度过大，则要用角磨机对其进行打磨，打磨过程中要注意使用刀尺和塞尺框式水平仪等设备对打磨精度、局部波浪度等进行控制。第二项工作是使用汽油、无水酒精等对安装面、底环等进行擦拭，擦拭完成后利用厂房桥机将底环调入机坑，进一步调整安装。工作第三项是用刀尺、框式水平仪和高程水平仪等，再次复测其水平度、高程，并准确测定机组中心，完成底环发装。

2.预装导水机构导叶和顶盖

水轮机导水机构底环安装完成后，需要对活动导叶、导叶轴套、顶盖和密封圈等进行清洗，并检查导叶的几何尺寸、断面型线等，装入一半导叶，完成预装。在布置完导叶后，要调入顶盖；然后，对顶盖、底环同轴度、圆度，导叶的垂直度和导叶的上下端面间隙等进行调整。在确定符合设计和操作规范后，顶预紧盖连接螺栓，同时对其同轴度、导叶间隙等进行复测，检查确定满足进一步安装要求后，配转座环和顶盖，打定位孔，上定位销。最后，吊出机坑，完成预装。

（二）水轮机转轮和机轴的安装

转轮、机轴在水轮机工作中，起到转动和支撑作用；水流从导水机构进入转轮，转轮借助水流的冲击力发生转动，水流冲击力是水轮发电机转动的主要原动力，其带动发电机组运转实现机组发电。安装过程第一步，对转轮进行清洗，清洗完成校核转化端面尺寸、角度偏差和厚度等，最好使用设备厂家提供的、专业的检查工具进行校核。校核完成后，调整转轮使其保持水平进行支撑固定安装，并使用无水酒精、汽油等擦拭法兰面。在确定转轮法兰面平整度合格后，起吊、调整水轮机轴就位，固定连接螺栓，摘去吊钩。然后对水平度、大轴垂直度进行重新调整，在确定满足设计、安装规范要求后，使用联轴螺栓工具预紧；做到转轮和机轴的无间隙组合连接，要求不能塞入厚度超过0.03mm的塞尺。在确定安装好转轮、机轴后，利用起吊工具吊装至机坑，调整其高程、主轴垂直度等支垫稳固，完成安装。

（三）水轮机导水机构的安装施工

安装完水轮机转动部分后，重新清洗衣底环面、顶盖，并重点清理没有预装的水轮机导叶和轴套。在保证导叶全部装入底环面后，将顶盖吊入机坑内进行调整安装，首先调整水轮机导叶端面的间隙，打上顶盖定位销，在保证导叶灵活转动的情况下，使用连接螺栓紧固顶盖；其次对顶盖、底环同轴度和导叶立面间隙等进行复测，如果复测结果不合格，需要用角磨机对其进行修整；最后以上部件都满足设计要求后，用钢丝绳捆绑导叶。

（四）水轮机接力器的安装施工

水轮机接力器作用在于通过控制调速系统的信号、油压来控制水轮机导叶开、关及调节导叶开度大小，以及启动、关闭水轮发电机组和调整水轮机发电机组负荷大小。一般情况下，使用外置式接力器，其安装在水轮机层的机坑外，利用活塞拉杆连接控制环。在安装接力器时，首先要清洗活塞缸、进行试压和配对。将试压并配好对的接力器，分别吊入机墩旁接力器坑内，然后安装、连接接力器拉杆与控制时，要保证导叶全关并用钢丝绳捆绑，同时调整两个接力器高程和水平。

（五）水轮机主轴的密封施工

水轮机主轴密封主要有两种，分别是工作密封和检修密封；工作密封属于无接触式密封，而检修密封则属于橡胶密封条式的空气围带密封。工作密封起到水轮发电机组止水作用。主轴密封安装过程中，第一步为对主轴密封、顶盖和主轴密封连接面等进行清洗，第二步为将密封胶均匀涂至主轴密封分瓣组合面、顶盖与主轴密封连接组合面等位置，最后一步为吊入主轴调整安装密封；安装过程中主轴密封与主轴之间单边间隙要保证在0.3～0.4mm；而空气围带与主轴下护罩间隙要控制在1.50～2mm，紧固连接螺栓、配转顶盖后、打上定位销。

（六）水轮机油导轴承的安装

水轮机油导轴承主要起到承受转动部分传递的径向作用力的作用，保证水轮发电机组运行过程中不发生径向摆动。水轮机轴承安装前，首先要对轴承各部件进行清洗，然后依据设计图纸顺序依次安装，安装过程中要保证密封胶涂遍所有组合密封面。对于油箱的安装，首先要做好油箱煤油渗透试验，倒入煤油后等待30分钟左右，如果没有出现渗漏现象，说明油箱的密封性良好。关于油箱的压力测试，可以取消，因为油箱一般为钢板焊接结构，出厂前已经进行过相关测试，所以安装前不需要做压力试验。对于轴承盖，其一般为分瓣结构，为防止油溢出，因此一般将其安装在油箱上，它与轴间的间隙要保证在0.5～0.6mm；如不合格，要及时进行调整，确定符合要求后固定。

（七）水轮机调速机构和管路的安装

水轮机调速机构各部件，主要包括调速器、事故配压阀、油压系统、分段关闭电磁阀、过速保护装置和油管路等。安装调速机构，首先要将各部件按照图纸设计位置要求安装就位，然后再按照图纸设计要求配置管路对接、附属阀门和其他配件。配置完管路后，予以拆卸焊接，焊接完成后清洗管路至干净回装。

三、水电站水轮机施工质量保障

第一，施工过程中严格执行作业班组自检、工程部复检和项目部终检的“三检制”，在确认水轮机合格后，报请监理工程师进行检查并签证。

第二，安装过程要严格按照施工工序、方案操作，做到每道工序自检，上一道工序自检不合格，不能开始下一道工序，并做好质检过程记录；保证下一道工序开始前，上一道工序产品及交付前产品不损坏、不污染。

第三，关于水轮机安装部件的吊装，在安装前必须认真核查相关出厂资料，如果没有出厂合格证，坚决不予安装。

第四，关于安装过程中的检查测量操作，要保证使用专业的测量工具、仪器，以保证检查、复测精度。

第三节　水电站厂房施工

水电站厂房包括主厂房和副厂房两部分，主厂房通常以发电机层为界，分为下部结构和上部结构。下部结构大多数是大体积钢筋混凝土，有尾水管、锥管、蜗壳、机墩等大的孔洞结构；上部结构，中小型厂房为一般钢筋混凝土板、梁、柱、屋架等轻型结构，与工业厂房基本相似。

水电站厂房根据机组类型，可分为立式机组厂房和卧式机组厂房，立式机组水轮机与发电机是竖向布置的，在竖直方向分为水轮机层、发电机层。卧式机组水轮机与发电机是平行布置的，上部结构即为主机房，下部结构为尾水室，厂房结构较为简单，比立式机组厂房施工简单。以下主要介绍立式机组厂房的施工。

一、水电站厂房混凝土施工

厂房混凝土为了满足机组安装的要求，一般分为两期浇筑，一期混凝土一般用于包括基础板、尾水管、厂房上下游墙、厂房排架、吊车梁及部分楼层的梁、板、柱等的浇筑。二期混凝土是为了机组安装和埋设部件需要而预留的，待机组和有关设备到货安装后浇筑，如尾水管锥管段钢板里衬和金属蜗壳设备安装好后才分层浇筑。二期混凝土一般包括尾水管锥管段、金属蜗壳外围混凝土、机墩、风道墙以及与之相连接的部分楼板、梁等。

（一）一期混凝土施工

1.混凝土浇筑的分层分块

水电站厂房上部结构，是属于板、梁、柱或框架组成的结构，其施工方法与一般的工业厂房基本相同。水电站厂房的下部结构，是介于大体积混凝土和杆件系统之间的结构型式，其尺寸大、孔洞多、受力条件复杂，必须分层分块进行浇筑。合理地分层分块是减小混凝土温度应力、保证工程质量和结构整体性的重要措施。

分层分块原则，具体如下：

（1）根据厂房下部结构的特点、形状及应力情况进行分层分块，避免在应力集中、结构薄弱部位分缝。

（2）分层厚度应根据结构特点和温度控制要求确定。基础约束区一般为1～2m，约束区以上可适当加厚。墩、墙侧面可以散热，分层可适当厚些。

（3）分块面积的大小是根据混凝土的浇筑能力和温度控制要求确定的。块体面积的长宽比不宜过大，一般以小于5：1为宜。

（4）分层分块应考虑土建施工和设备安装是否方便，例如尾水管弯管底部应单独分层，以便于模板和钢筋绑扎，又如在钢蜗壳底部以下1m左右要分层，便于钢蜗壳的安装。

（5）对于可能产生裂缝的薄弱部位，应布置防裂钢筋。

2.水电站厂房的施工程序

待一期混凝土的主厂房蜗壳底板和侧墙浇筑后，一方面进行蜗壳、座环、机坑里衬等设备的安装，完成设备外围及相关部位的二期混凝土浇筑；另一方面浇筑厂房上下游柱、承重墙、吊车梁、屋顶等结构混凝土，完成厂房桥吊的安装。在上述两方面工作都完成后可利用桥吊安装水轮机、发电机、调速器等设备。

3.厂房混凝土的施工方案

厂房混凝土施工主要是确定混凝土的水平运输与垂直运输方案，施工布置应根据厂房型式、厂区地形、气象、水文、施工机械设备等条件，结合施工总体布置进行统筹安排，选择最优方案。

（1）一期混凝土施工布置。

第一，机械化施工方案。混凝土水平运输采用“机车立罐”或“汽车卧罐”等方法，垂直运输一般采用门座式或塔式、履带式起重机。施工初期，起重机械布置在厂房上、下游侧，沿厂房轴线方向移动，后期需要将门座式、塔式起重机迁至尾水平台或厂坝间等部位。该布置适用于河床式、坝内式或坝后式电站。

第二，机械为主、人工为辅的施工方案。在起重设备数量不足的大中型工程中，混凝土工程量大的部位，或施工困难部位，可采用机械化施工，其他部位可采用活动栈桥等人工施工方案。

（2）二期混凝土施工布置。各台机组的二期混凝土，如主机段蜗壳底板和侧墙等厂房下部结构的二期混凝土，应在厂房封顶前利用外部设备浇筑。厂房封顶后，则可利用桥吊运输混凝土，也可采用混凝土泵、胶带输送机或胶轮手推车运输混凝土入仓，但此方法既增加了设备数量，又影响了浇筑速度，因此在考虑施工方案时应尽量利用外部设备。

（3）尾水管模板施工。尾水管分为三段：上段称锥管段（也称圆锥段），一般都用钢内衬，不需要做模板；下段称扩散段，其截面为矩形，高度、宽度呈直线变化，上口与弯管段相连，中间常设置隔墩，其模板与一般平面模板制作安装相同；中段称弯管段，其形状由多种几何面组合而成，剖面呈肘弯形，其几何尺寸参数由机械制造厂家提供。由于弯管段模板主要承受混凝土的侧压力、浮托力、混凝土自重、振捣动荷载和模板结构自重，所以弯管段模板是厂房模板中最复杂的部位，必须特别重视。

（二）二期混凝土施工

水电站厂房施工的特点之一，是土建与机电安装同时进行，而且土建必须满足机电安装的要求。为此，通常把机电设备埋件周围的混凝土划分为两期施工。

厂房二期混凝土施工，要求与机电设备埋件安装密切配合，其特点是施工面狭小，互相干扰大，尤其是某些特殊部位，如混凝土蜗壳内圈的导水叶、钢蜗壳与座环相连的阴角处和基础螺栓孔等部位回填的混凝土，承受荷载大，质量要求高，但仓面小，钢筋密，进料和振捣困难，施工复杂，技术要求高。下面简单介绍主要部位二期混凝土施工措施。

第一，圆锥面里衬二期混凝土施工。尾水管圆锥段，一般都用钢板作里衬，该部位可利用锥管里衬作为模板。为了防止里衬变形，应根据混凝土侧压力的大小，校核里衬钢板刚度是否满足要求，必要时可在里衬内侧布置桁架加强。或在仓内增设拉杆，支撑加固。

第二，钢蜗壳下半部二期混凝土施工。该部位施工难度最大的是钢蜗壳与座环相连的阴角处，该部位空间狭窄，进料困难，不易振捣。为保证质量，可采取专门措施：①在座环和钢蜗壳上开孔进料施工措施。可向厂商提出要求，在座环上和钢蜗壳上预留若干进料孔；②预填骨料或砌筑混凝土预制块灌浆施工措施，即在阴角部位预先用骨料填塞或砌筑预制混凝土砌块，预填骨料或预制砌块可用钢筋托位，并埋设灌浆管路。当蜗壳二期混凝土全部浇筑完15d后，再灌注水泥砂浆，灌满为止。

第三，钢蜗壳上半部二期混凝土施工。该部位施工是钢蜗壳上半部弹性垫层及水轮机井钢衬与钢蜗壳之间凹槽部位的混凝土浇筑。为了保证钢蜗壳不承受上部混凝土结构传来的荷载，应在蜗壳上半圆表面设置弹性垫层，使钢蜗壳与上部混凝土分开。在浇筑钢蜗壳前必须将弹性垫层做好，使其与蜗壳弧度吻合。在浇筑混凝土时，应防止水泥砂浆侵入垫层，防止垫层失去弹性作用。水轮机井钢衬与蜗壳之间的凹槽部位，由于钢筋较密，二期混凝土采用细石混凝土施工时应注意捣实。钢蜗壳外围二期混凝土浇筑前，应考虑钢蜗壳承受外压时的刚度和稳定性，一般在蜗壳内设置临时支撑。

第四，发电机机墩及风罩二期混凝土施工。机墩是发电机支承结构，采用圆环形结构。机墩内外侧模板可采用一次或二次架立，需要考虑模板的整体稳定性。通风槽底面积较大，安装模板时应考虑混凝土浇筑时的上浮力。定子地脚螺栓孔模板，应严格控制安装位置。机墩混凝土浇筑时，常采用溜筒入仓，薄层振捣，均匀上升。

二、水电站厂房上部结构施工

水电站厂房上部结构类似于一般工业厂房，主要由立柱、吊车梁、联系梁、圈梁、预制屋架、屋面和柱间隔墙组成。以下简单介绍立柱、吊车梁、预制屋架和屋面的施工。

（一）立柱施工

厂房立柱布置在厂房下部结构和混凝土上，并与基础固结。一般在立柱基础混凝土浇筑完成后，应立即浇筑立柱混凝土，以便尽早利用桥吊，完成机组埋件安装和二期混凝土施工。厂房的立柱一般是现场浇筑，其施工顺序是先安装钢筋，后支模板。立柱钢筋应在浇筑厂房下部混凝土时预埋。立柱模板安装后，必须检查其垂直度和模板尺寸，并使模板支撑系统保持一定的刚度、强度和稳定性。混凝土浇筑时应采用溜筒入仓，分层振捣。

（二）吊车梁施工

吊车梁一般采用预制。由于吊车梁钢筋较密，所以浇筑的混凝土应采用一级配，最好采用附着式振捣器振捣密实。

吊车梁的安装，大中型厂房可利用一期混凝土浇筑的起重设备。小型厂房可采用履带式起重机，也可采用桅杆式起重机吊装，吊车梁安装校核后，才能与托架预埋件焊接固定。

（三）屋架施工

大型或中型水电站厂房屋架，常采用预应力屋架，在厂房附近预制。小型厂房屋架，采用预制薄腹工字梁。由于跨度较大，断面较小、钢筋净距较小，混凝土粗骨料最大粒径采用20mm，并且在预制时要振捣密实，有条件的应用附着式振捣器。

屋架的安装，若是大中型水电站厂房，可利用浇筑一期混凝土的起重设备。小型厂房可用桅杆式起重机吊装，也可用桥吊配桅杆式起重机吊装。

第六章　水利工程施工管理

水利工程施工管理在于通过科学、系统的管理手段，全面提高水利工程的施工质量、效率和安全性，从而保障工程的顺利实施，取得预期的经济、社会和环境效益。本章研究水利工程施工进度管理、合同管理与安全管理。

第一节　水利工程施工进度管理

施工进度计划是水利工程施工项目施工时的时间规划，是在施工方案已经确定的基础上，对工程项目各组成部分的施工起止时间、施工顺序、衔接关系和总工期等做出的安排。在此基础上，可以编制劳动力计划、材料供应计划、成品及半成品计划、机械需用量及设备到货计划等。因此，施工进度计划是控制工期的有效工具，也是施工准备工作的基本依据，是施工组织设计的重要内容之一。

一、水利工程施工进度计划的作用和类型

（一）施工进度计划的作用

施工进度计划具有以下作用：

第一，控制工程的施工进度，使之按期或提前竣工，并交付使用或投入运转。

第二，通过施工进度计划的安排，加强工程施工的计划性，使施工能均衡、连续、有节奏地进行。

第三，从施工顺序和施工进度等组织措施上保证工程质量和施工安全。

第四，合理使用建设资金、劳动力、材料和机械设备，达到多、快、好、省地进行工程建设的目的。

第五，确定各施工时段所需的各类资源的数量，为施工准备提供依据。

第六，施工进度计划是编制更细一层进度计划（如月、旬作业计划）的基础。

（二）施工进度计划的类型

第一，施工总进度计划。施工总进度计划是以整个水利水电枢纽工程为编制对象，拟定出其中各个单项工程和单位工程的施工顺序及建设进度，以及整个工程施工前的准备工作和完工后的结尾工作的项目与施工期限。因此，施工总进度计划属于轮廓性（或控制性）的进度计划，在施工过程中主要用于控制和协调各单项工程或单位工程的施工进度。

施工总进度计划的任务是：分析工程所在地区的自然条件、社会经济资源、影响施工质量与进度的关键因素，确定关键性工程的施工分期和施工程序，并协调安排其他工程的施工进度，使整个工程施工前后兼顾、互相衔接、均衡生产，从而最大限度地合理使用资金、劳动力、设备、材料，在保证工程质量和施工安全的前提下，使工程按时或提前建成投产。

第二，单项工程施工进度计划。单项工程施工进度计划是以枢纽工程中的主要工程项目（如大坝、水电站等单项工程）为编制对象，并将单项工程划分成单位工程或分部、分项工程，拟定出其中各项目的施工顺序和建设进度以及相应的施工准备工作内容与施工期限。它以施工总进度计划为基础，要求进一步从施工程序、施工方法和技术供应等方面，论证施工进度的合理性和可靠性，尽可能组织流水作业，并研究加快施工进度和降低工程成本的具体措施。反过来，又可根据单项工程施工进度计划对施工总进度计划进行局部微调或修正，并编制劳动力和各种物资的技术供应计划。

第三，施工作业计划。施工作业计划是以某一施工作业过程（即分项工程）为编制对象，制定出该作业过程的施工起止日期以及相应的施工准备工作内容和施工期限。它是最具体的实施性进度计划。在施工过程中，为了加强计划管理工作，各施工作业班组都应在单位（单项）工程施工进度计划的要求下，编制出年度、季度或逐月（旬）的作业计划。

二、水利工程网络进度计划

水利工程的网络进度计划是指在项目实施过程中，根据项目的需求和目标，利用绘制网络图的方法进行项目进度的计划与控制。“网路图逻辑严密，通过时间参数计算，可找到控制总工期的关键路线，能够根据条件进行资源分配的平衡和优化，能够根据反馈信息进行施工进度控制等。”[①]

水利工程项目的网络进度计划通常包括以下主要步骤：

第一，项目工作分解。将整个工程项目按照不同的功能模块或工作包进行拆解，形成一个清晰的工作分解结构，这有助于明确每个工作包之间的逻辑关系，便于后续建立网络图。

第二，确定活动及其关系。根据工作分解结构，确定每个工作包所对应的具体活动，并明确它们之间的逻辑关系，包括先后关系、并行关系和依赖关系等。这可以通过活动关系图或资源分配图的方式进行呈现，以便项目团队全面了解各活动之间的关系。

第三，确定活动持续时间。对每个活动进行时间估算，根据人力资源、设备资源和材料资源等方面的限制条件，确定每个活动的预计持续时间。这一步骤需要结合历史数据、专家意见和技术计算等方法进行，并进行必要的风险分析和评估，以获取合理的活动持续时间。

第四，建立网络图。根据确定的活动及其关系、活动持续时间，利用网络图方法（如关键路径法或程序评审技术）建立项目的进度网络图。网络图以节点表示活动，以箭头表示活动之间的逻辑关系，清楚地展示了各个活动的先后顺序和时序关系。

第五，确定关键路径。通过分析网络图，确定项目的关键路径，即项目进度的最长路径。关键路径上的活动对项目的完成时间具有重要影响，如果关键路径上的活动延迟，将导致整个项目的延误。因此，项目团队需要重点关注关键路径上的活动，以加强控制和管理。

第六，进度控制与调整。项目进入实施阶段后，根据实际的工作情况，及时收集和比对实际进度与计划进度的数据，若发现偏差和延误，及时采取相应的调整措施，使项目能够按计划有序推进。这一过程需要与项目团队密切合作，及时沟通和协调，以确保项目的进度得以有效控制。

水利工程项目的网络进度计划具有很高的实用性和指导性。通过应用合理有效的网络进度计划，可以帮助项目团队在工程实施过程中更好地组织工作，提高项目的可控性和可管理性，确保项目按时高效地完成。

---

① 钱波，郭宁，胡青龙，等.水利工程施工组织设计[M].北京：中国水利水电出版社，2012：82.

三、水利工程项目进度管理的优化

水利工程项目进度管理的优化是指通过采取一系列措施和方法，提高项目进度计划的准确性、可操作性和执行效果，从而达到优化项目进度管理的目的。

第一，采用先进的项目管理工具和技术，是优化水利工程项目进度管理的重要手段。现代项目管理软件和技术可以帮助项目管理人员对项目进度进行全面的控制和跟踪，提供实时的项目进度信息和报告，为管理者提供决策依据。例如，利用项目管理软件可以进行进度模拟和优化，帮助管理者识别和解决可能存在的进度风险和瓶颈。

第二，健全的沟通与协调机制，是优化水利工程项目进度管理的关键。项目涉及多个相关方，包括业主、设计单位、施工单位等，因此，建立高效的沟通与协调机制，加强各方之间的信息共享和协同作业，可以避免信息传递出现延误和不准确，提高项目进度管理的执行效果。

第三，合理分配资源和加强管理的手段，对于优化水利工程项目进度管理也至关重要。通过合理分配人力、设备、材料等资源，可以保障项目进度的顺利进行；同时，加强管理，建立科学的绩效评价体系和激励机制，能够提高项目人员的工作积极性和效率，从而推动项目进度的高效执行。

第四，强化团队合作。建设一个高效协同的团队，鼓励成员之间的合作和沟通，促进信息的共享和交流。有效的团队合作，能够更好地协调各方的资源和行动，提高项目进度管理的效果。

第五，实时监控和反馈。使用先进的监控技术和工具，对项目进度进行实时监控和跟踪，及时发现和解决进度偏差。同时，建立有效的反馈机制，收集和整理进度数据，分析和评估项目进展情况，及时进行调整和改进。

第二节　水利工程施工合同管理

合同是平等主体的自然人、法人、其他组织之间设立、变更、终止民事权利义务关系的协议。合同作为一种协议，必须是当事人双方意思表示一致的民事法律行为。

一、水利工程施工项目合同管理的作用

“水利工程建设中，合同是明确工程建设单位与施工单位双方权利与义务

的重要文件和依据。合同管理能够促进双方在水利工程施工建设中相互监督和管理，从而实现对水利工程施工建设的质量、效益以及进度保障，同时能够通过合同约定与合同管理实施，对水利工程建设的当事人权利以及义务进行切实保障、确认，实现对水利工程施工建设各方的合法权益保护，为水利工程的施工建设提供更为有力和充分的支持。”①

（一）明确权利与义务

水利工程施工项目的施工合同中，合同管理旨在明确双方在项目实施过程中的具体权利和义务。通过明确合同中的条款和约定，确保双方能够准确理解合同的内容，遵守合同的约定，履行各自的责任。主要的权利和义务如下：

第一，工程责任。施工方负责按照规划和设计要求进行施工，确保工程的质量和安全；业主方有权对施工方的工作进行监督，并有义务支付合同约定的报酬。

第二，变更和索赔。双方在合同中约定了变更和索赔的程序和条件。施工方如需变更施工内容或提出索赔，需按照约定的程序和条件进行申请。业主方有权对变更和索赔进行评估和决策。

第三，履约保证。双方在合同中约定了履约保证的形式和金额。施工方通常需要提供履约保证金，作为履约义务的保证。履约保证可以确保双方在合同约定的范围内履行各自的义务。

第四，违约责任。合同管理明确了违约行为的定义和相应的责任。如一方发生违约行为，另一方可以依据合同约定采取相应的法律措施，要求其承担相应的责任。

通过明确双方的权利和义务，合同管理确保了双方能够理解并履行合同的内容，避免合同执行中的纠纷和违约行为的发生，从而确保水利工程施工项目的质量和进度。

（二）维护合法权益

合同管理是保障发包方和承包方合法权益的有效手段。通过合同管理，双方都能清楚地了解自己的权益和责任，并有机会就权益的实现进行维护和申诉。同时，在合同管理的过程中，双方可以通过合同纠纷解决机制解决争议，避免因权

① 朱军，张旭晓.水利工程施工合同管理的过程分析[J].四川水利，2020（S1）：77.

益纠纷而导致的合同破裂和争议扩大化。

在水利工程施工项目建设过程中，合同管理工作贯穿整个建设过程中的每一个阶段，合同管理是项目管理的核心，作为其他管理工作的指南，对整个工程建设的实施起总控与总保证的作用。

（三）促使签订切实可行的合同

水利工程施工项目的规模庞大，涉及大量的资金投入和资源调配。为了确保项目的顺利进行，双方需要在平等和诚信的基础上达成合作。合同管理的主要目标是通过规范合同的签订过程，确保双方能够充分协商、明确各自的权益和责任，从而形成一个切实可行的合同。

合同管理要求双方在签订合同时提供准确、完整、清晰的信息，包括项目的规模、要求、预算等，以便双方对项目的执行有清晰的认识。合同管理鼓励双方在签订合同时进行充分的协商，以确保双方的权益得到保障。协商的内容可以包括合同的条款、付款方式、工期安排等。合同管理要求对合同的可行性进行评估，确保合同能够在实际操作中得到有效执行。这包括评估项目的技术、经济、环境等方面的可行性。合同管理要求双方在签订合同时识别和评估可能存在的风险，并制定相应的风险应对策略。这可以降低合同执行过程中的风险，并提高项目的成功率。

通过合同管理，双方能够更好地理解彼此的要求和责任，并确保合同的可操作性和可执行性，为项目的顺利实施奠定基础。

（四）有利于合同执行中的监督

合同管理有助于建立起双方在合同执行过程中的监督机制。双方可以通过合同约定的履行义务方式和工期进度等指标进行监督，确保合同按照约定的方式和期限执行。这样，双方可以相互监督，避免违约行为的发生，最大限度地保障合同的实施效果。

合同管理要求双方按照合同约定的方式和标准进行义务的履行。通过合同约定的履行方式和进度等指标，双方可以对对方的履约情况进行监督，确保双方按照约定履行自己的责任。对于工期较长的项目，合同管理要求双方约定合理的工期，并监督工期的执行情况。这可以帮助双方及时发现并解决工期延误的问题，确保项目按时完成。合同管理要求双方对项目的质量进行监督和控制。包括对工程质量的检查、验收，以及对质量不合格的工作进行整改和返工等。

二、水利工程项目合同管理的特点

第一，水利工程施工项目合同管理持续时间长。水利工程施工项目合同的形成是一个循序渐进的过程，而且在整个项目的生命周期内合同管理是一个持续的过程。这包括了从招标投标和合同谈判阶段的准备工作，到实际的工程施工期，再到工程保修期。因此，合同管理通常需要长时间的连续跟进，一般至少需要1到2年，有些项目可能需要5年甚至更长时间。

第二，水利工程施工项目合同管理对工程经济效益的影响很大。水利工程施工项目往往规模庞大，合同金额也较高。因此，合同管理的有效与否直接关系到项目的经济效益。通过合同管理，可以确保施工方按照合同约定的要求履行责任，保证工程质量，控制成本，提高项目的经济效益。

第三，水利工程施工项目合同管理必须实行动态管理。由于合同的形成和履行是一个逐步磨合的过程，而且在合同履行过程中会涉及各种内外干扰事件和合同变更，因此合同管理必须是动态的。在合同实施过程中，需要不断调整合同执行的策略和方式，以适应变化情况。特别需要注意的是合同控制和合同变更的管理，这在合同管理中显得尤为重要。

第四，合同管理影响因素多，风险大。现代工程项目的复杂性，使合同关系越来越复杂、合同条件越来越复杂、合同的权利和义务的定义越来越复杂、合同实施过程越来越复杂，要完整地履行一个合同，必须完成几百个甚至几千个相关的合同事件。另外，工程实施时间长、涉及面广，合同管理受外界环境的影响大，并且许多因素难以预测，不能控制，它们都会妨碍合同的正常实施，造成经济损失。因此，影响合同管理的因素既存在于项目本身的微观环境，也存在于项目的外部宏观环境；既涉及合同的当事人双方，往往也牵扯到第三方。大量复杂因素的存在，使合同管理极为复杂、烦琐，也充满风险。在合同形成和执行过程中，合同风险管理至为重要。

三、水利工程合同的管理优化

（一）增强合同的管理意识

在施工过程中，只有加强合同管理，增强全员的合同管理意识，才会达到预期的目的。为此，可以从以下方面加强合同管理：

第一，想使合同成为保护企业利益的有力武器，就必须签订一份成功的合同。否则，无论与业主、监理工程师的相互关系处理得怎样融洽，无论要求多么合情合理，只要是合同条款未明确规定的，都会遭到业主、监理的拒绝。

第二，强化合同管理，建立以合同管理为核心的管理机制，理顺各方关系，形成有机运行体系。在项目施工中，注重强化合同管理意识，认真研究、理解、运用合同条款，收集和整理各种施工原始资料及数据，做好索赔工作。

第三，注重项目实施阶段合同的交底。合同是当事人正确履行义务、保护自身合法利益的依据，因此水利水电施工企业项目部全体成员必须熟悉合同的全部内容，并对合同条款有一个统一的认识和理解，以避免不了解或对合同理解不一致带来工作上的失误。由于项目部成员知识结构和水平的差异，加之合同条款繁多，合同语言难以理解，因此很难保证每个成员都能够吃透整个合同内容和合同关系，这样势必削弱其在遇到实际问题时进行处理的有效性和正确性，影响合同的全面顺利实施。因此，在合同签订后，水利水电施工企业合同管理人员应熟悉合同中的各种合同文件及相关文件和资料的主要内容，明确工程中的风险、重点或关键性问题。

（二）增强合同履约过程的控制意识

第一，抓好合同台账管理。合同台账管理是合同管理中至关重要的一项工作。它不仅是合同履行的依据，还是记录和追踪合同履行情况的重要手段。一个良好的合同台账管理系统能够有效地提高合同管理的效率和透明度。

第二，抓好履约检查环节。履约检查，是事前或事中发现问题和疏漏的唯一办法。只有在合同履约过程中定期检查，才能及时发现问题，制定防范风险的对策，从而将风险损失程度降到最小，将收益做到最大。为此，合同管理人员必须经常深入现场对合同履约和管理情况进行针对性的检查，以反映出合同履约中的一般性问题，显示出妨碍合同履行的重大问题，以及产生争议或出现纠纷的现象或隐患等，提出解决的办法或提出解决的请求，通过整改使合同顺利履约得到落实。

第三，抓好分包合同管理。把好分包合同管理的资质审核关，只有分包单位相关资质有效且符合施工要求，才能签订各种分包合同。分包合同必须以工程合同为依据，满足工程合同的要求，有关工期、质量、安全、履约保证金、民工工资保证金等必须在分包合同中进行落实。管理者必须充分考虑工程的实际情况，划清合同界面，明确双方的权利和义务，避免责任不清，影响工程的顺利进行。

以分包合同为基础，会同有关施工生产、技术质量、材料设备、经营管理等部门进行会签，对于无定额及换算定额项目，要做好发包方对材料单价或项目造价的确认工作，对分包结算的工作量，实行三级复核制度，层层把关。

（三）提高合同管理人员的素质

一切管理工作的实施是以人为本的，施工合同管理没有合同管理人员和全员的参与、主动配合就无从谈起，合同管理人员能动性的发挥和素质的高低极大地制约着合同管理的绩效。如何将两者有效地结合起来，最大限度地发挥人的主观能动性，降低企业成本，使企业利益最大化，是施工项目合同管理中摆在我们面前的重要课题。

首先，项目经理要有较高的综合素质，不但应有较高的政治素质、领导素质、身体素质，还应具备一定的专业素质和实践经验，要高度重视、熟悉并了解合同条款和执行情况，要能够把握索赔时机。其次，合同管理人员应积极参与合同管理体系，从投标报价开始直到合同终止的全过程对项目进行预测、分析、计划、核算和控制，建成施工项目合同管理的一整套网络体系，进行全过程管理。

合同管理的好坏直接体现一个企业管理水平的高低，对企业今后的生存和发展至关重要。水利水电施工企业面对当前的实际情况，只有不断增强合同风险防范意识、全员合同管理意识、合同履约过程控制意识，提高合同管理人员的素质，才能提高合同管理水平、降低施工项目成本、取得最大效益。

第三节　水利工程施工安全管理

“水利工程管理单位多定性为纯公益性或准公益性事业单位，作为事业单位与企业相比，安全生产工作也有其自身特点。”[①]施工中的不安全因素很多，而且随工种、工程不同而变化，但概括起来，这些不安全因素主要来自人、物和环境三个方面。因此，一般来说，施工安全管理就是对人、物和环境等因素进行管理。

---

① 张俊霞，颜学芝，赵莉.水利工程管理单位常见安全事故浅析[J].科技风，2015（19）：150.

一、水利工程施工安全管理的范围

安全生产管理是指国家和企业为了预防生产过程中发生人身和设备事故，形成良好的劳动环境和工作秩序而采取的一系列措施和开展的各种活动。

安全管理的中心问题，是保护生产活动中人的安全与健康，保证生产顺利进行。安全管理包括以下三个方面：

第一，劳动保护，侧重于对政策、规程、条例、制度等形式的操作或管理行为，从而使劳动者的安全与身体健康得到应有的法律保障。

第二，安全技术，侧重于对劳动手段和劳动对象的管理，包括预防伤亡事故的工程技术和安全技术规范、技术规定、标准、条例等，通过规范物的状态，减少或消除对人对物的危害。

第三，工业卫生，着重对工业生产中高温、振动、噪声、毒物的管理，通过防护、医疗、保健等措施，防止劳动者的安全与健康受到有害因素的危害。

从生产管理的角度，安全管理可以概括为在进行生产管理的同时，通过采用计划、组织、技术等手段，依据并适应生产中的人、物、环境因素的运动规律，既使其积极方面得到充分发挥，又利于控制事故不致发生的一切管理活动。

施工现场中直接从事生产作业的人员密集，机、料集中，存在多种危险因素。因此，施工现场属于事故多发的作业现场。控制人的不安全行为和物的不安全状态，是施工现场安全管理的重点，也是预防与避免伤害事故，保证生产处于最佳安全状态的根本环节。

施工现场安全管理的内容，大体可归纳为安全组织管理、场地与设备管理、行为控制管理和安全技术管理四个方面，分别对生产中的人、物、环境的行为与状态进行具体的管理与控制。

二、水利工程施工安全管理的原则

为有效地控制生产因素的状态，在实施安全管理过程中，必须正确处理好五种关系，坚持六项管理原则。

（一）正确处理五种关系

第一，安全与危险并存。有危险才要进行安全管理。保持生产的安全状态，必须采取多种措施，以预防为主，这样危险因素就可以得到控制。

第二，安全与生产的统一。安全是生产的客观要求。生产有了安全保障，才能持续稳定地进行。生产活动中事故不断，生产势必陷入混乱甚至瘫痪状态。

第三，安全与质量的辩证包含。质量包含安全工作质量，安全概念也内含着质量，二者交互作用，互为因果。

第四，安全与速度的互保。安全与速度成正比例关系，速度应以安全作保障。一味强调速度，置安全于不顾的做法是极其有害的，一旦酿成不幸，非但无速度可言，反而会延误时间。

第五，安全与效益的兼顾。安全技术措施的实施，定会改善劳动条件，调动职工积极性，由此带来的经济效益足以使原来的投入得以补偿。

（二）坚持安全管理的六项基本原则

第一，管生产同时管安全。安全管理是生产管理的重要组成部分，各级领导在管理生产的同时，必须做好安全管理工作。企业中各有关专职机构，都应在各自的业务范围内，对实现安全生产的要求负责。

第二，坚持安全管理的目的性。没有明确目的的安全管理就是一种盲目行为，既劳民伤财，又不能消除危险因素。只有有针对性地控制人的不安全行为和物的不安全状态，消除或避免事故，才能达到保护劳动者安全与健康的目的。

第三，贯彻预防为主的方针。安全管理不是事故处理，而是在生产活动中，针对生产的特点，对生产因素采取鼓励措施，有效地控制不安全因素的发展与扩大，把可能发生的事故消灭在萌芽状态。

第四，坚持“四全”动态管理。安全管理涉及生产活动的方方面面，涉及从开工到竣工交付使用的全部生产过程，涉及全部的生产时间和一切变化着的生产因素，是一切与生产有关的人员共同的工作。因此，在生产过程中，必须坚持全员、全过程、全方位、全天候的动态安全管理。

第五，安全管理重在控制。在安全管理的四项工作内容中，对生产因素状态的控制与安全管理目的关系更直接，作用更突出。因此，必须对生产中人的不安全行为和物的不安全状态进行控制，以此作为动态的安全管理的重点。

第六，在管理中发展、提高管理能力。要不间断地摸索新的规律，总结管理、控制的办法和经验，指导新的变化后的管理，从而使安全管理水平上升到新的高度。

第七章　水资源节水措施与开发利用

我国的水资源存在分布不均的现象，部分区域水资源匮乏，不仅会对区域经济发展带来较大影响，还会给人们的生活带来一定困扰，因此有必要加大对水资源的开发力度，在各类生产活动中遵循节约用水的生产理念，避免水资源浪费现象的发生。在进行生产活动时，对于生产污水需要进行集中处理再利用，从而保证水资源的利用率。本章主要论述地表水与地下水资源的认知、水资源的用水方向与节水措施、水资源开发利用的方向分析。

第一节　地表水与地下水资源的认知

一、水文与水资源的特性及关系

（一）水资源及其特性

“水资源是维持世界万物有序发展的重要能源之一，一旦水资源受到污染和破坏，便会对社会发展乃至人类生存产生极为不利的影响。”①水资源的概念存在着广义和狭义之分：广义的水资源，是指人类能够直接或间接利用的地球上的各种水体，包括天上的降水，河湖中的地表水，浅层和深层的地下水（包括土壤水）、冰川，海水等；狭义的水资源，是指与生态环境保护和人类生存与发展密切相关的、可以利用的，而又能够逐年得到恢复和更新的淡水，其补给来源主要为大气降水。水资源的特性主要如下：

1.流动性

水资源是一种流动性很强的自然资源。这是因为所有的水都是流动的，不仅如此，自然界中的大气水、地表水、地下水等各种形态的水体在水文循环的过程中还可以相互转化。因此，水资源难以按地区或城乡的界限硬性分割，而只应按

① 赵彦龙，张冬.水文水资源领域技术的推广及应用[J].城市建设理论研究（电子版），2023（19）：160.

流域、自然单元进行开发、利用和管理。

2.多用途性

水资源是具有多种用途的自然资源。水量、水能、水体各有用途。人们对水的利用十分广泛，包括生活用水、生产用水和生态用水等三大类，具体的用水领域主要包括：①居民生活用水；②农业（包括林、牧、副业）生产用水；③工业生产用水；④水力发电用水；⑤船、筏水运用水；⑥水产养殖用水；⑦生态环境用水（包括娱乐、景观用水）等。

3.可再生性

地球上存在着复杂的、大体以年为周期的水循环，当年水资源的耗用或流失，又可为来年的大气降水所补给，形成了资源消耗和补给间的循环性，使得水资源不同于矿产资源，而成为一种具有可再生性和可供永续开发利用的资源。所以，在对水资源量、水能资源量进行计算和分析评价时，尤其是在和其他不具有可再生性、不能永续使用的资源进行比较时，不能只看到一年内的数量，更要注意其可以不断恢复和更新的资源量。

水资源的可再生性并不意味着它是一种取之不尽、用之不竭的资源。实际上，就一定区域、一定时段（年）而言，年降水量虽然有或大或小的变化，但总是一个有限值，这就决定了区域年水资源量的有限性。总而言之，无限的水资源循环和有限的大气降水补给，规定了区域水资源量的可再生性和有限性。水资源的超量开发消耗，或动用区域地表水，地下水的静态储量，必然造成超量部分难以恢复，甚至不可恢复，从而破坏自然生态环境的平衡。因此，就多年平衡意义而言，水资源的多年平均年耗用量不得超过区域多年平均资源量。

4.利与害的两重性

水资源的利、害两重性主要表现在两方面：①水作为重要的自然资源可用于灌溉、发电、供水，航运、养殖，旅游及净化水环境等各个方面，给人类带来各种利益；②由于水资源时间变化上的不均匀性，当水量集中得过快、过多时，不仅不便于利用，还会形成洪涝灾害，甚至给人类带来严重灾难，到了枯水季节，又可能出现水量锐减，满足不了各方面需水要求的情形，甚至对经济社会发展造成严重影响。水资源的利、害两重性不仅与水资源的数量及其时空分布特性有关，还与水资源的质量有关，当水体受到严重污染时，水质低劣的水体可能造成各方面的经济损失，甚至给人类健康及整个生态环境造成严重危害。人类在开发利用水资源的过程中，一定要用其利，避其害。“除水害、兴水利”一直是水利工作者的光荣使命。

（二）水文与水资源的关系

水文是为解决国民经济建设和社会经济迅速发展中的水问题提供科学决策依据，为合理开发利用和管理水资源、防治水旱灾害、保护水环境和生态建设等提供全面服务的一项工作。

当前，我国区域人口增长，社会经济发展使得水资源供需矛盾成为全球性普遍问题。中国作为发展中大国，水资源开发利用和管理中存在着许多问题，诸如水资源短缺对策、水资源持续利用、水资源合理配置、水灾害防治、水污染治理、水生态环境功能恢复及保护等目前已成为亟待研究和解决的问题。而水文对水资源的开发、管理、节约、利用、保护的积极作用已经越来越明显，是解决水资源问题不可缺少的重要助推力。

二、地表水的来源与地表水资源

（一）地表水资源的形式

1.降水

降水是指空气中的水汽冷凝并降落到地表的现象，它包括两部分：①大气中水汽直接在地面或地物表面及低空的凝结物，如霜、露、雾和雾凇，又称为水平降水；②由空中降落到地面上的水汽凝结物，如雨、雪、冰雹和雨凇等，又称为垂直降水。但是单纯的霜、露、雾和雾凇等，不作降水量处理。降水量仅指的是垂直降水，水平降水不作为降水量处理，发生降水不一定有降水量，只有有效降水才有降水量。一天之内50mm以上降水为暴雨（豪雨），25mm以上为大雨，10～25mm为中雨，10mm以下为小雨，75mm以上为大暴雨（大豪雨），200mm以上为特大暴雨。

2.径流

径流是指降雨及冰雪融水或者在浇地的时候在重力作用下沿地表或地下流动的水流。径流有不同的类型，按水流来源可有降雨径流和融水径流以及浇水径流；按流动方式可分为地表径流和地下径流，地表径流又分为坡面流和河槽流。此外，还有水流中含有固体物质（泥沙）形成的固体径流，水流中含有化学溶解物质构成的离子径流等。

流域产流是径流形成的第一环节。产流不是一个产水的静态概念，而且是一个具有时空变化的动态概念。包括产流面积在不同时刻的空间发展及产流强度随降雨过程的时程变化。同时，产流不只是一个水量的概念，而且是一个包括产水、产沙和溶质输移的多相流的形成过程。此外，产流主要发生在流域坡面上，对不同大小的流域而言，坡面面积所占的比重不同，坡面上各种影响产流的因素，包括植被、土壤、坡度、土地利用状况及坡面面积和位置等在不同大小的流域表现不同。

流域的降水，由地面与地下汇入河网，流出流域出口断面的水流，称为径流。液态降水形成降雨径流，固态降水则形成冰雪融水径流。由降水到达地面时起，到水流流经出口断面的整个物理过程，称为径流形成过程。降水的形式不同，径流的形成过程也各异。我国的河流以降雨径流为主，冰雪融水径流只是在西部高山及高纬地区河流的局部地段发生。根据形成过程及径流途径不同，河川径流又可由地面径流、地下径流及壤中流（表层流）三种径流组成。

3.流域

流域，指由分水线所包围的河流集水区。分地面集水区和地下集水区两类。如果地面集水区和地下集水区相重合，称为闭合流域；如果不重合，则称为非闭合流域。平时所称的流域，一般指地面集水区。

每条河流都有自己的流域，一个大流域可以按照水系等级分成数个小流域，小流域又可以分成更小的流域等。另外，也可以截取河道的一段，单独划分为一个流域。流域之间的分水地带称为分水岭，分水岭上最高点的连线为分水线，即集水区的边界线。处于分水岭最高处的大气降水，以分水线为界分别流向相邻的河系或水系。流域特征如下：

（1）流域面积。流域地面分水线和出口断面所包围的面积，在水文上又称集水面积，单位是平方千米。这是河流的重要特征之一，其大小直接影响河流和水量大小及径流的形成过程。

（2）河网密度。流域中干支流总长度和流域面积之比。单位是km^2。其大小说明水系发育的疏密程度受到气候、植被、地貌特征、岩石土壤等因素的控制。

（3）流域形状。对河流水量变化有明显影响。

（4）流域高度。主要影响降水形式和流域内的气温，进而影响流域的水量变化。

4.河川径流

汇集陆地表面和地下而进入河道的水流。包含大气降水和高山冰川积雪融水产生的动态地表水及绝大部分动态地下水，是构成水分循环的重要环节，是水量平衡的基本要素。通常称某一时段（年或日）内流经河道上指定断面的全部水量为径流量，以m^3计。一条河流的径流量由水文站的实际观测资料计算求得。

河川径流，河床中流动的水流。主要来源于大气降水形成的地表径流，其丰枯变化往往与流经地区的气候变化有关。河川径流量的大小与河流的环境容量密切相关。通常，河川径流量大，其环境容量大；反之，则小。因此，有目的地调节河川径流量，可提高环境容量，合理解决水环境污染问题。河川径流是重要的地表水资源，是城市居民饮水与工农业用水的重要水源，应该人为地调节径流使之满足人类生产和生活的需要。

（二）地表水资源的特点

第一，流动性。地表水资源能够得到大气降水的补给，处在不断开采、利用、补给、消耗、恢复的循环中，是在循环中形成并能得到再生的一种动态资源，具有流动性。

第二，不稳定性。地表水资源的径流量大，水质和水量有明显的季节性，且由于受地面各种因素的影响，地表水资源易受污染，有机物和细菌含量高，水温变幅大，有时还有较高的色度。

第三，有限性。在一定时间和空间范围内，大气降水对地表水资源的补给量是有限的，也决定了区域地表水资源的有限性。

第四，多用途性。地表水资源是具有多种用途的自然资源，水量、水能、水体均各有用途，广泛应用于农业（包括林、牧、副业）生产用水、工业生产用水、城镇居民生活用水、水力发电用水、船筏水运用水、水产养殖用水、水利环境保护用水等。

第五，空间分布不均匀性。地表水资源空间分布的主要特征是降水和河川径流的地区分布不均匀。时间分布的主要特征是地表水资源的年际、年内变化幅度大。一个地区地表水资源的丰富程度主要取决于降水量的多寡。

三、地下水的运动及其动态平衡

（一）地下水与地下水资源

1.地下水

地下水指埋藏在地表以下各种状态的水。按埋藏条件，地下水可划分为包气带水（土壤水）、上层滞水、潜水和承压水四种基本类型。

在地下水面以上，土壤含水量未达饱和，是土壤颗粒、水分和空气同时存在的三相系统，称为包气带。在地下水面以下，土壤处于饱和含水状态，是由土粒和水分组成的二相系统，称为饱和带或饱水带。

饱水带岩层按其透过和给出水的能力，可分为含水层和隔水层。含水层是指能够透过并给出相当数量水的岩层。隔水层则是不能或基本不能透过、给出水的岩层，划分含水层与隔水层的关键在于岩层所含水的性质，空隙细小的岩层，含的几乎全是不能移动的结合水，实际上起着阻隔水透过的作用，所以是隔水层。而空隙较大的岩层，主要含有重力水，在重力作用下，能透过和给出水，就构成了含水层。

土壤水是指吸附于土壤颗粒和存在于土壤孔隙中的水。上层滞水是指包气带中局部隔水层或弱透水层上积聚的具有自由水面的重力水。潜水是指饱水带中第一个具有自由表面的含水层中的水。承压水是指充满于两个隔水层之间的含水层中的水。

按照空隙特征可将其分为松散岩石中的孔隙、坚硬岩石中的裂隙和可溶岩中的溶隙三大类。松散岩石由大小不等、形状各异的颗粒组成，颗粒或颗粒集合体之间的空隙称为孔隙。固结的坚硬岩石，包括沉积岩、岩浆岩和变质岩，受地壳运动及其他内外地质应力作用，破裂变形产生的空隙称为裂隙。可溶岩石中的各种裂隙被水流溶蚀扩大成为各种形态的溶隙，甚至形成巨大溶洞，这是岩溶地下水的赋存空间。

2.地下水资源

地下水资源主要是由于大气降水的直接入渗和地表水渗透到地下形成的。因此，一个地区的地下水资源丰富与否，和地下水所能获得的补给量、可开采的储存量的多少有关。在雨量充沛的地方，在适宜的地质条件下，地下水能获得大量的入渗补给则地下水资源丰富。在干旱地区，雨量稀少，地下水资源相对贫乏些。中国西北干旱区的地下水有许多是高山融雪水在山前地带入渗形成的。地下水资源往往由大气降水和地表水转化而来，在地下运移，再排出地表成为地表水体的源泉。有时在一个地区发生多次的地表水和地下水的相互转化，故进行区域水资源评价时，应防止重复计算。

（二）地下水的基本类型

1.潜水

潜水的埋藏条件决定潜水具有以下特征：

（1）由于潜水面之上一般无稳定的隔水层，因此具有自由表面。有时潜水面上有局部隔水层且潜水充满两隔水层之间，在此范围内的潜水将承受静水压力而呈现局部的承压现象。

（2）潜水在重力作用下由潜水位较高处向潜水位较低处流动，其流动快慢取决于含水层的渗透性能和水力坡度。潜水向排泄处流动时水位逐渐下降，形成曲线形表面。

（3）潜水通过包气带与地表连通，大气降水、凝结水、地表水通过包气带的空隙通道直接渗入补给潜水。所以在一般情况下，潜水的分布区与补给区是一致的。

（4）潜水的水位。流量和化学成分均随地区和时间的不同而变化。

潜水在自然界分布范围大、补给来源广，所以水量一般较丰富，特别是与地表常年性河流连通时水量更为丰富。潜水埋藏深度一般不大，便于开采，但由于含水层之上无连续的隔水层分布而使水体易受污染和蒸发，作为供水水源时应注意全面考虑。

2.承压水

承压水的主要特点是有稳定的隔水顶板存在、没有自由水面，水体承受静水压力，与有压管道中的水流相似。承压水由于有稳定的隔水顶板和底板，因而与外界的联系较差，与地表的直接联系大部分被隔绝，所以其埋藏区与补给区不一致。承压含水层出露地表部分可以接受大气降水和地表水补给，上部潜水也可越流补给承压含水层。承压含水层的埋藏深度一般都比潜水大，在水位、水量、水温、水质等方面受水文气象因素和人为因素及季节变化的影响较小，因此富水性好的承压含水层是理想的供水水源。

3.上层滞水

因完全靠大气降水或地表水体直接渗入补给，水量受季节控制特别显著，一些范围较小的上层滞水在旱季往往干枯无水。隔水层分布较广时，上层滞水可作为小型生活用水水源。这种水的矿化度一般较低，但因接近地表水质容易被污染，作为饮用水水源时必须加以注意。

（三）地下水运动的特点

地下水储存并运动于岩石颗粒间像串珠管状的空隙和岩石内纵横交错的裂隙之中，这些空隙和裂隙的形状、大小、连通程度等的变化，导致地下水运动的复杂性和特殊性，除此之外，地下水运动的特点如下：

第一，地下水运动比较迟缓，一般流速较小。在实际计算中，常忽略地下水的流速水头，认为地下水的水头就等于测压管水头。

第二，由于地下水是在曲折的通道中进行缓慢渗流，故地下水流大多数都呈层流运动。只有当地下水流通过漂石、卵石的特大空隙或岩石的大裂隙及可溶岩的大溶洞时，才会出现紊流状态。

第三，地下水在自然界的绝大多数情况下呈非稳定流运动。但当地下水的运动要素在某一时间内变化不大，或地下水的补给、排泄条件随时间变化不大时，人们常常把地下水的运动看成近似稳定流，这给地下水运动规律研究带来很大方便。

第四，人们在研究地下水运动规律时，并不是研究每个实际通道中复杂的水流运动特征，而是研究岩层内平均直线水流通道中的水流特征，假想水流充满含水层。

第二节　水资源的用水方向与节水措施

一、生活用水及其节水措施

（一）生活用水的类型

生活用水是人类日常生活及其相关活动用水的总称。生活用水分为城市生活用水和农村生活用水。

1.城市生活用水

城市生活用水是指城市用水中除工业外的所有用水，简称生活用水，有时也称为大生活用水、综合生活用水、总生活用水。它包括城市居民住宅用水，公共建筑用水，市政、环境景观和娱乐用水，供热用水及消防用水等。

①城市居民住宅用水是指城市居民在家中的日常生活用水，有时也称为居民生活用水、居住生活用水等。它包括冲洗洁具、洗浴、洗涤、饮用、烹调、饮食、清扫、庭院绿化、洗车以及漏失水等。

②公共建筑用水是指包括机关、办公楼、商业服务业、医疗卫生部门、文化娱乐场所、体育运动场馆、宾馆饭店、学校等设施用水。

③市政、环境景观和娱乐用水是指包括浇洒街道及其他公共活动场所用水、绿化用水，补充河道、人工河湖、池塘及用以保持景观和水体自净能力的用水，人工瀑布、喷泉用水，划船、滑水、涉水、游泳等娱乐用水，冲洗下水道用水等。

④消防用水是指扑灭城市或建筑物火灾需要的水量。其用水量与灭火次数、火灾持续时间、火灾范围等因素有关，必须保证足够的水量。根据火灾发生的位置高低，还必须保证足够的水压。

2.农村生活用水

农村生活用水可分为日常生活用水和家畜用水。日常生活用水与城镇居民日常生活的室内用水情况基本相同，只是由于城乡生活条件、用水习惯等有差异，仅表现在用水量方面差别较大。虽然随着社会发展，农村生活水平的提高，商店、文体活动场所等集中用水设施也在逐渐增多，但用水量还是相对较少。

（二）生活用水的特征

第一，用水量增长较快。新中国成立初期城市居民较少，生活水平低，用水量较少。随着时间的推移，年总用水量和人均用水量逐步增加，全国每年以平均3%～6%的速度增长。

第二，用水量时程变化较大。城市生活用水量受城市居民生活、工作条件及季节、温度变化的影响，呈现早、中、晚三个时段用水量比其他时段高的时变化；一周中周末用水量比周一到周五多的日变化；夏季最多，春秋次之，冬季最少的年变化。

第三，供水保证率要求高。供水年（历时）保证率是指供水得到保证的年份

（历时）占总供水年份（历时）的百分比。生活用水量能否得到保障，关系到人们的正常生活和社会的安定。

（三）生活节水的措施

1.计划用水和定额管理

科学合理的水价改革是节水的核心内容。要改变缺水又不惜水、用水浪费无节度的状况，必须用经济手段管水、治水、用水。针对不同类型的用水，实行不同的水价，以价格杠杆促进节约用水和水资源的优化配置，适时、适地、适度调整水价，加大计划用水和定额的管理力度。

所谓分类水价，是根据使用性质将水分为生活用水、工业用水、行政事业用水、经营服务用水、特殊用水五类。各类水价之间的比价关系由所在城市人民政府价格主管部门会同同级城市供水行政主管部门结合当地实际情况确定。

2.法律层面采取措施

对于各级水主管部门，应建立机制健全的水行政执法和水行政司法组织结构，提高依法治水、依法管水的能力。同时，应加大执法力度，建立执法责任制、明确执法责任、执法程序。依法治水是社会进步的必然趋势，但现行法规的系统性、科学性、合理性和可操作性还有待执法实践的检验。

3.采用城市再生水利用技术

再生水是指污水经适当的再生处理后供作回用的水。再生处理一般指二级处理和深度处理。再生水用于建筑物内杂用时，也称为中水。建筑物内洗脸、洗澡、洗衣服等洗涤水、冲洗水等集中后，经过预处理（去污物、油等）、生物处理、过滤处理、消毒灭菌处理甚至活性炭处理，而后流入再生水的蓄水池，作为冲洗厕所、绿化等用水。这种生活污水经处理后，回用于建筑物内部冲洗厕所其他杂用水的方式，称为中水回用。

建筑中水利用是目前实现生活用水重复利用最主要的生活节水措施，该措施包含水处理过程，不仅可以减少生活废水的排放，还能够在一定程度上减少生活废水中污染物的排放。在缺水城市住宅小区设立雨水收集、处理后重复利用的中水系统，利用屋面、路面汇集雨水至蓄水池，经净化消毒后用水泵提升用于绿化浇灌、水景水系补水、洗车等，剩余的水可再收集于池中进行再循环。在符合条件的小区实行中水回用，可实现污水资源化，达到保护环境、防治水污染、缓解水资源不足的目的。

二、农业用水及其节水措施

农业水资源是可为农业生产使用的水资源，包括地表水、地下水和土壤水。其中，土壤水是可被旱地作物直接吸收利用的唯一水资源形式，地表水、地下水只有被转化为土壤水后才能被作物利用。经必要净化处理的废污水也是一种重要的农业用水水源。大气降水被植物截留的部分也可视作农业水资源，但因其量较小通常被忽略。

（一）农业用水特点

第一，用水点分散、单位水量负荷小、分布范围广、保证率低。

第二，用水总量大、用水效率低。

第三，灌溉节水同所在地区的自然地理条件，特别是降水径流条件紧密相关。

第四，降水、地面水、地下水和土壤水之间的互相转化是影响农业用水（节水）的重要机制；农作物的生长规律、农业种植结构也是影响农业用水（节水）的重要因素。

第五，管理较薄弱、资金投入受限。

（二）农业的合理用水

在我国的总用水量中，农业用水占了八成以上，因此对农业用水进行合理安排，实行节约用水，具有重要的战略意义，尤其是在北方，全力推广节水农业，是解决日益尖锐的水资源供需矛盾的必由之路。农业的合理用水方法主要如下：

1.扩大可利用的水源

在统筹兼顾、全面规划的基础上，采取工程措施和管理措施，广开水源，并尽可能做到水多用、充分利用，将原来不能利用的水转化为可利用的水，这是合理利用水资源的一个重要方面。

我国山区、丘陵地区创建和推广的大中小、蓄引提相结合的“长藤结瓜”系统，是解决山丘区灌溉水源供求矛盾的一种较合理的灌溉系统。它从河流或湖泊引水，通过输水配水渠道系统将灌区内部大量的、分散的塘堰和小水库连通起来。在非灌溉季节，利用渠道将河（湖）水引入塘库蓄存，傍山渠道还可承接坡面径流入渠灌塘；用水紧张的季节可从塘库放水补充河水之不足。小型库塘之间互相连通调度，可以做到以丰补歉、以闲济急。这样不仅比较充分地利用了山区、丘陵地区可能利用的水源，并且提高了渠道单位引水流量的灌溉能力，从而可以扩大灌溉面积。

2.制定农业结构和作物布局

在摸清本地区农业水资源区域分布特点和开发利用现状的基础上，结合其他农业资源情况，按因地制宜、适水种植的原则，制定合理的农业结构，调整作物布局，使水土资源优化利用，达到节水、增产、增收的目的。例如，华北地区冬小麦生育期正值春季，干旱少雨，灌溉需水量大，应集中种植在水肥条件较好的地区，而夏玉米和棉花生育期同天然降水吻合较好，水源条件差的地方也可保产。因此，作物布局有所谓“麦随水走、棉移旱地”的原则。

3.推广传播先进节水技术

农田综合节水技术包括生物节水、农艺节水、工程节水、化学节水、管理节水等方面的节水措施。目前我国农田节水技术的主要有十种：①耕地整理节水技术；②减免耕保水技术；③节水灌溉技术；④生物、化学制剂保水技术；⑤地膜覆盖和秸秆覆盖保水技术；⑥节水种植技术；⑦水、肥一体化调控节水技术；⑧膜下滴灌节水模式；⑨集雨蓄水灌溉模式；⑩抗旱品种和旱作栽培技术。常见的节水技术如下：

（1）耕地整理节水技术。平整土地，畅通排灌，保墒，修建池、塘、坑、窖、库、堤等拦水、蓄水设施是保证节水灌溉实施的基本条件，已得到农民的普遍认可。在丘陵山区，把坡耕地修成梯田，在田坡边植树种草，形成植物篱，拦蓄地面径流，涵养水源已得到较为广泛的应用。在田间整理输水设施作业上，采用渠道防渗措施和引水沟由宽变窄，改大畦为小畦等，以便将过去的大水漫灌变为快浇，这些已成为整地中基本的农艺措施。

（2）减免耕保水技术。在干旱地区和缺水季节，采用“以松代耕”“以旋代耕”“高留茬免耕套播”和“贴茬免耕直播”等方式，可以增加水分入渗深度和蓄水保墒能力，减少水分流失，节约用水。目前推广的“小麦免耕技术”“水稻免耕抛秧”“板茬油菜”和“免耕大豆”栽培等，都是以节水保墒和减少水肥流失为主的保护性耕作技术。它与简化栽培和节本增效技术结合，近两年有加快发展的趋势。

（3）节水灌溉技术。节水灌溉是科学灌溉，发展节水灌溉是推动传统农业向现代农业转变的战略性措施，是田间用水的一场革命。目前生产上应用的主要有沟灌、沟中覆膜灌、低压管灌、滴灌、渗灌、喷灌、微喷等。其中，沟中覆膜输水和管道输水等，可节水20%～30%，喷灌可节水50%，微灌可节水60%～70%，滴灌和渗灌可节水80%以上，并且有利于提高农产品产量、质量和经济效益，有利于节约土地、节省能源、节约肥料、节省劳力、节本增效，有利于发展农业机械化。

（4）生物、化学制剂保水技术。20世纪90年代以来，我国已研制开发了多种生物和化学、有机与无机的抗旱保水剂或水分蒸腾抑制剂等，已在旱作农业节水上推广应用。农用保水剂主要用于拌种、苗木移栽和扦插之前的浸根，以增强作物根部的吸水保水能力，提高出苗率、成活率。

（三）农业用水的节水措施

1.加强组织领导

各级政府要重视农业节水工作，将其列入重要议程，提供政策和资金支持，引导社会重视农业节水工作。对节水工作的领导和分工进行细化，做到责任落实到人，任务落实到具体环节。在实施节水规划时要做好监督工作，特别是高污染、高耗水的行业，要定期监督、抽查和考核，保证节水工作落到实处。

2.增强水土保持力度

做好水土保持工作有助于拦蓄降水、增加土壤存水能力，同时对旱灾、水灾起到一定的缓解作用。采取水土保持措施可以降低泥土被水流冲走的概率，使植被得到保护，有助于增强土壤水分的储存能力，形成良性循环。因此，做好水土保持工作对保护水资源和提高水资源利用率具有重要意义。

3.提升农民节水意识

目前农业节水项目，尤其是田间基础配套设施建设，注重规模农业和新型农业经营主体的实施，忽视小规模农户。农业用水的主体是农户，其自身行为和意识起着关键作用，如果他们没有深入认识到水资源科学合理使用的必要性，就很难将节水技术推广实施。多年以来，大多数农户尚未形成强烈的节约用水意识，尤其是在水分充足的地区。因此，政府及农业技术推广部门应利用媒体、报纸、网络等开展节水宣传教育活动，引导农民增强节水意识。尤其在水资源丰富的地区，农民节水意识薄弱，必须通过广泛而深入的宣传，改变错误观念，让全社会树立起节水观念。通过宣传与培训，让农民掌握控制农业用水的技术和方法，做到科学用水、合理用水，把提高水资源利用率作为农业生产的重要目标之一。

4.加强农田水利设施建设

在一些山丘坡度较大的地区，农田水利设施落后，加之区域内土壤本身蓄水能力较弱，遭受强降雨时易发生水土流失，并且会造成雨水大量浪费。应加大农田水利设施建设投资和保障，改造灌区，充分利用自然降水，增加可用水量，防止水土流失，从而减轻洪涝灾害产生的减产和经济损失。

三、工业用水及其节水措施

工业用水指在工业生产过程中使用的生产用水及厂区内职工生活用水的总称。生产用水主要用途包括：①原料用水，指直接作为原料或作为原料一部分而使用的水；②产品处理用水；③锅炉用水；④冷却用水等。

（一）工业用水的特点

第一，工业用水量大。目前，我国工业取水量占总取水量的1/4左右，其中高用水行业取水量占工业总取水量的60%左右。随着工业化、城镇化进程的加快，工业用水量还将继续增长，水资源供需矛盾将更加突出。

第二，工业用水相对集中。我国工业用水主要集中在电力、纺织、石油化工、造纸、冶金等高耗水行业。加强工业节水，对加快转变工业发展方式，建设资源节约型、环境友好型社会，增强可持续发展能力具有十分重要的意义。加强工业节水不仅可以缓解我国水资源的供需矛盾，而且可以减少废水及其污染物的排放，改善水环境，因此也是我国实现水污染减排的重要举措。

（二）工业节水的潜力

工业节水是指通过加强管理，采取技术上可行、经济上合理的节水措施，减少工业取水量和用水量，降低工业排水量，提高用水效率和效益，合理利用水资源所采取的措施。

工业节水的水平可以用各种用水量的高低评价，也可以结合工业用水重复利用率的高低来考察。工业用水重复利用率是在一定的计量时间内、生产过程中使用的重复利用水量与总水量之比。它能够综合地反映工业用水的重复利用程度，是评价工业企业用水水平的重要指标。

我国很多城市的工业用水重复利用率较低，因此工业节水工作还有很多潜力可挖。为提高工业用水重复利用率，降低万元产值取水量，可以从多方面采取措施，主要包括进行生产用水的节水技术改造、开发节水型生产工艺以及将再生水广泛用于生产工艺等。

（三）工业节水的措施

根据国内各地水资源状况，按照以水定供、以供定需的原则，调整了产业结构和工业布局。缺水地区严格限制新上高取水工业项目，禁止引进高取水、高污染的工业项目，鼓励发展用水效率高的高新技术产业；围绕工业节水发展重点，在注重加快节水技术和节水设备、器具及污水处理设备的研究开发的同时，将重点节水技术研究开发项目列入国家和地方重点创新计划和科技攻关计划，一些节水技术和新设备得到了利用。

1.调整产业结构，改进工艺

围绕工业节水重点，组织研究开发节水工艺技术和设备，大力推广当前国家鼓励发展的节水设备（产品），重点推广工业用水重复利用、高效冷却、热力和工艺系统节水、洗涤节水等通用节水技术和生产工艺。重点在钢铁、纺织、造纸和食品发酵等高耗水行业推进节水技术。

（1）钢铁行业。推广干法除尘、干熄焦、干式高炉炉顶余压发电（TRT）、清污分流、循环串级供水技术等。

（2）纺织行业。推广喷水织机废水处理再循环利用系统、棉纤维素新制浆工艺节水技术、洗毛污水零排放多循环处理设备、印染废水深度处理回用技术、逆流漂洗、冷轧堆染色、湿短蒸工艺、高温高压气流染色、针织平幅水洗，以及数码喷墨印花、转移印花、涂料印染等少用水工艺技术、自动调浆技术和设备等在线监控技术与装备。

（3）造纸行业。推广连续蒸煮、多段逆流洗涤、封闭式洗筛系统、氧脱木素、无元素氯或全无氯漂白、中高浓技术和过程智能化控制技术、制浆造纸水循环使用工艺系统、中段废水物化生化多级深度处理技术，以及高效沉淀过滤设备、多元盘过滤机、超效浅层气浮净水器等。

（4）食品与发酵行业。推广湿法制备淀粉工业取水闭环流程工艺、高浓糖化醪发酵（酒精、啤酒等）和高浓度母液（味精等）提取工艺，浓缩工艺普及双效以上蒸发器，推广应用余热型溴化锂吸收式冷水机组，开发应用发酵废母液、废糟液回用技术，以及新型螺旋板式换热器和工业型逆流玻璃钢冷却塔等新型高效冷却设备等。

2.提高工业用水重复利用率

发展工业用水重复利用技术，提高工业用水重复利用率是当前工业节水的主要途径。发展重复用水系统，淘汰直流用水系统，发展水闭路循环工艺、冷凝水回收再利用技术、节水冷却技术。工业冷却水用量占工业用水量的80%以上，取水量占工业取水量的30%～40%，发展高效节水冷却技术、提高冷却水利用效率、减少冷却水用量是工业节水的重点之一。节水冷却技术主要包括以下方面：

（1）改直接冷却为间接冷却。在冷却过程中，特别是化学工业，如采用直接冷却的方法，往往使冷却水中夹带较多的污染物质，使其丧失再利用的价值，如能改为间接冷却，就能克服这个缺点。

（2）发展高效换热技术和设备。换热器是冷却对象与冷却水之间进行热交换的关键设备。必须优化换热器组合，发展新型高效换热器，如盘管式敞开冷却器应采用密封式水冷却器代替。

（3）发展循环冷却水处理技术。循环冷却系统在运行过程中，需要对冷却水进行处理，以达到防腐蚀、阻止结垢、防止微生物黏泥的目的。处理方法有化学法、物理法等，现在使用较多的是化学法。目前广泛使用的磷系缓蚀阻垢剂、聚丙烯酸等聚合物和共聚物阻垢剂曾经使冷却水处理技术取得了突破性的进展。近年来，受动物代谢过程启发合成的一种新的生物高分子——聚天冬氨酸被誉为更新换代的绿色阻垢剂。

（4）发展空气冷却替代水冷却的技术。空气冷却技术是采用空气作为冷却介质来替代水冷却，不存在环境污染和破坏生态平衡等问题。空气冷却技术有节水、运行管理方便等优点，适用于中、低温冷却对象。空气冷却替代水冷却是节约冷却水的重要措施，间接空气冷却可以节水90%。

（5）发展汽化冷却技术。汽化冷却技术是利用水汽化吸热，带走被冷却对象热量的一种冷却方式。受水汽化条件的限制，在常规条件下，汽化冷却只适用于高温冷却对象，冷却对象要求工作温度最高为100℃，多用于平炉、高炉、转炉等高温设备。对于同一冷却系统，用汽化冷却所需的水量仅有温升为10℃时水冷却水量的2%，并减少了90%的补充水量。在冶金工业中以汽化冷却技术代替水冷却技术后，可节约用水80%；同时，汽化冷却所产生的蒸汽还可以再利用，或者并网发电。

第三节　水资源开发利用的方向分析

一、城市水资源开发利用

（一）城市水资源的新内涵

“水资源是十分宝贵的自然资源，通过对水资源进行可持续开发利用，能够有效促进生态环境协调发展。”[①]水资源是一种动态的可更新资源，具有可恢复性和有限性的特点。全球水资源通过蒸发、降雨、径流等形式始终处于消耗与补充的循环中，陆地水量与海洋水量基本是稳定的，但在一定的时间和空间内，大气降水对水资源的补给却是有限的，当人类对水资源消耗大于其正常补给时，就会出现河流断流、地下水枯竭、水污染加剧、生态环境恶化等问题。水资源的可恢复性与有限性特点，使人类意识到必须对水资源进行可持续开发和利用，使水资源能被永续利用，实现经济、环境、社会的协调发展。

水资源的定义和内涵随着社会经济的发展与技术的发展而变化。传统意义上的城市水资源指城市地区的地下水与地表水，然而城市固有的特点：人口集中、工业集中，必然造成城市需求大量的水资源，往往传统意义上的城市水资源无法满足城市的需求，由于固守于利用传统意义上的水资源，有些城市过度开采地表水与地下水，引起了地面沉降、河流断流等生态环境问题，严重破坏了自然水系统的良性循环，加重了城市水资源短缺与生态环境恶化问题，这不符合可持续发展与循环经济理念。因此，从可持续发展观与循环经济理念出发，根据城市特殊的水文循环、用水特点，拓展与明确城市水资源内涵，对于引导城市水资源的可持续利用，促进水资源良性循环具有重要的意义。事实上人们在生产实践中已在拓宽水资源的利用范围，如沿海缺水地区海水的利用，缺水城市污水、雨水的利用。

1.海水

由于海水含盐量高，不适宜作为生活和工业用水，随着科学技术的发展，人类已能把海水处理为能为人利用的水质，甚至达到饮用水的标准。沿海缺水城市对海水进行了开发，在部分沿海城市，海水已成为重要供水水源，目前全

① 敬娜.水资源开发利用与城市水源规划分析[J].黑龙江水利科技，2018，46（10）：100.

国的海水利用量约为100亿立方米，主要用于电力、化工、冶金等工业行业，以及海水冲厕、饮用等生活用水。虽然海水的淡化还存在着经济费用高、技术难度大的问题，但把海水纳入沿海城市可利用水资源的一部分，积极鼓励开发利用海水资源，是促进海水利用技术的发展，解决沿海城市水资源问题的途径。

2.城市污水

城市消耗大量水资源的同时，也排出大量的污水，城市用水的70%将变为污水，如此巨大数量的污水排入自然水体是造成河流污染、水环境恶化的主要原因；城市污水不但数量巨大而且水量稳定，能够满足城市工业与生活用水连续性与稳定性的要求，具有很大的开发利用潜力，而且目前的技术完全有能力把污水处理为符合回用目的的水，从循环经济理念看，污水资源化是实现水资源持续利用的方式。目前，我国城市污水的回用量非常少，提倡把污水作为城市水资源的一部分加以利用，对节约珍贵的淡水资源、保护自然水环境和缓解城市水资源短缺而言，具有重要的意义。

3.雨水

降雨是流域水资源不断得以更新、补充和恢复的重要保障，天然流域中，降雨一部分通过径流补给河流等地表水，一部分通过土壤入渗补给地下水，使水资源保持不断的循环过程。在城市地区，一方面，由于不透水地面的增多，降雨补给城市地下水的水量变少；另一方面，由于不透水地面缺乏土壤与植被对雨水的滞留与涵蓄作用，降雨很快在地表形成积水，增加了城市的水害风险，城市雨水携带着城市地表的大量污染物通过排水管道排入河流或污水厂，污染了城市下游河流，增加了城市污水处理量。城市地面的特点不但减少了雨水补给地下水的水量，而且降低了补给地表水的水质，水质较好的雨水既没有效补给城市地表水与地下水，又未被利用就变为污水排走，从循环经济的资源观来看，是对资源的极大浪费。城市雨水一直以来未被作为城市水资源的一部分，而是作为废水被排走，是造成雨水资源浪费、影响城市水资源良性循环的原因之一，因此，将城市雨水明确列为城市水资源的一部分，对于促进城市雨水的利用、增加城市水资源量和城市防洪能力、促进水资源良性循环是非常必要的。

（二）城市水资源可持续开发利用的根本内涵

城市水资源可持续开发利用的内涵应包含三个方面的内容：①满足城市持续

健康发展的需要，即城市人群清洁生活用水的需求、经济发展的需求和城市生态用水的需求；②保障水资源的良性循环，由于水资源是可再生资源，所以只要不破坏水资源的可再生能力，维持水资源的良性循环，就能保证水资源永续利用，不会影响下一代人对水资源的持续利用；③城市水资源的开发利用，不能剥夺其他地区发展用水的机会，不能破坏其他地区生态环境。

城市水资源的可持续开发利用是在天然水资源再生极限内，合理地开发利用常规水源、非常规水源，慎重开发客地水源，满足城市人群清洁的生活用水需求和经济发展需求、城市生态系统良性发展需求，保证城市水资源系统良性循环，同时不造成对城市周边和其他地区生态系统和水环境的破坏，既要满足城市自身的需求，又不能剥夺其他地区的需求，是社会效益、经济效益、环境效益与资源效益的统一。

（三）城市水资源可持续开发利用的基本原则

1.公平原则

公平原则是持续发展的一个重要内容，包括代内公平和代际公平。城市开发利用水资源不能影响其他地区对水资源的利用，上下游城市之间、城市与农村之间应公平合理共享水资源，调水城市的调水量应在调出水地区满足社会经济发展需求、生态用水需求后的盈余之内；城市内各利益群体之间应合理公平分配水资源；公平原则还应保障每一个人都享有清洁饮用水的权利；代际公平指城市开发利用水资源时，保持水资源的再生能力和生态环境的良性发展，使下一代人具有平等的开发利用水资源的机会。

2.优化原则

城市水资源构成的多样性，以及开发利用过程对环境影响程度、所需成本的不同，造就了城市水资源的开发利用存在着多方面、复杂的特点，所以必须综合考虑城市的社会、经济、环境生态与资源效益，利用优化技术和辅助的决策系统手段，使城市水资源开发利用实现环境、资源、社会经济的综合效益。

3.整体性原则

城市水资源开发利用不能只考虑城市自身的需要，还要考虑到周边地区的需要，要服从流域的整体利益。上游城市大量截留河水，又向下游河流排入大量未经处理的污水，这种缺乏整体观念的方式导致了下游城市水资源匮乏和水源的污染，最终导致了整个流域水资源开发利用的混乱和低效益。整体性原则还体现在城市与自然的关系上，城市是“社会—经济—自然”复合系统，城市不能脱离自然生态系统而单独存在，城市赖以存在、发展的水资源即来自自然生态系统，所以，不能把城市地区以外的自然环境作为城市无限索取，并去藏污纳垢的地方，城市开发利用水资源的同时也必须保护自然环境，保护自然环境涵养水资源的能力。保护生态系统，就是保护城市赖以生存发展的资源，也就是保障城市的可持续发展。

4.协调性原则

协调是生命系统、非生命系统和社会经济系统发展与演化的总趋势，是系统和谐和高效的必要条件。循环经济理念强调人与自然的和谐，在资源的开发利用中人不能置身于人、自然环境这一大系统之外，人与自然资源、环境是休戚相关的，人在开发利用自然资源时必须考虑到自然资源的有限性，必须与自然资源、环境的承载力相协调，不能超过自然资源与环境的承载力。城市水资源的开发利用必须与当地的自然水资源承载力相协调，不能超过自然水资源的承载力，否则会造成水环境恶化、生态系统退化、水资源的恶性循环；城市水资源开发利用工程要与城市的经济、水文、地理条件相协调，这样才能使水资源开发利用工程实现最大的经济、社会、环境效益。

5.良性循环原则

水资源是可再生资源，水资源的良性循环是人类永续利用水资源的重要保障。城市是人类强烈改造自然的“社会—经济—自然”复合系统，城市的特点使得城市地区的水文循环发生了很大的变化，如城市不透水地面减少了降雨入渗补给地下水的量，城市通过下水管道排走雨水以及对河道的整治，增加了降雨时河流的流量、流速，使得洪水的频率增加。城市排放的大量废污水，对天然水体的物理化学性质、自净能力产生了影响。城市水资源开发利用过程中，应充分认识到城市对自然水文循环的影响，尽量减少城市对自然水文循环的破坏性干扰，以形成城市水文的良性循环，如从自然界取适量的水、城市污水处理达标后再排入天然水体、对污染的水体进行修复以及对雨洪水的利用等。这样，才能保证城市对水资源的持续利用，城市才能健康持续发展。

6.资源消耗最小原则

3R（减量化、再利用、资源化）原则是循环经济理念的核心内容，它们的重要性并非并列的，因为废物的资源化过程同样要消耗资源和物质，如果废物中资源含量低会导致成本很高，所以3R原则的优先顺序应该是：①从源头上减少资源的消耗量，避免和减少废物；②多次使用资源，提高资源利用效率；③废物的资源化。3R原则的根本目标是要求在经济流程中系统地避免和减少废物，从根本上减少自然资源的耗竭，减少由线性经济引起的环境退化。

城市水资源的可持续开发利用先要重点强调减少城市用水的消耗量，即通过采用新技术和管理，减少跑、漏、滴的现象，调整经济结构，减少单位产品耗水量，使人均生活用水量控制在合理需求的范围内，从源头上控制水的消耗与污水的产生；然后是重复利用水资源；最后是污水的资源化利用，污水资源化过程需要耗费其他的资源与大量的投资，是一种末端治理的方式。前两项是一般所说的节水的内容。

虽然水资源是可再生资源，水资源的开发只要控制在其承载力之内，就不会影响水资源水量的再生能力，但大量消耗水资源，必然导致大量污水的产生，而处理污水需要大量的资金和能耗，是社会与环境的沉重负担，所以，即便是一些不缺水的发达国家，也采取节水的方法。资源消耗最小原则不仅指对城市水资源开发利用要从节约用水开始，最大限度地减少水资源的消耗，而且指水资源开发利用过程中要注意节约其他的资源，在满足水资源需求的条件下，要优先考虑综合资源消耗最小或稀缺资源消耗最小的方案，避免加快其他不可再生资源的耗竭速度。

（四）城市水资源开发利用和管理措施

1.城市水资源开发利用战略

（1）提高水资源的利用效率。充分挖掘水资源潜力，并采取先进的工艺流程，提高工业用水的重复利用率和降低工业用水定额，是缓解城市供水紧张的一项重要措施，也是建立节水型社会生产体系的重要组成部分。20世纪60%～70%中国工业用水是冷却用水，对水质影响不大，完全具备重复利用的条件。近年来中国不少开采地下水的城市采取空调冷却用水回灌再利用措施，取得良好效果。

（2）废水净化再利用，实行废水资源化。严格控制污水排放，加强污水净化处理能力。如果60%的废水能够得到处理并转化为再生水，用来弥补全国的缺水量还绰绰有余。所以，废水净化再利用，实行废水资源化，既能缓解城市用水的供需矛盾，又可防止污染，保护生态环境，具有明显的社会、经济与生态环境效益。

（3）充分利用矿坑排水，实行排供结合。如果矿山排水能与当地城市供水结合起来，就能一举两得。现在有些城市，如河南的平顶山市和焦作市，在实行矿山排供结合方面都已取得较好效果。由此可见，如果处理得当，采取超前疏干等措施，不仅有利于解决城市或工业供水水源，还有利于解决矿坑水患。所以，大水矿床实行排供结合是解决某些城市水资源紧缺的重要措施之一。

（4）开发利用雨洪水、咸水与海水。开发利用雨水已成为当今世界水资源开发的潮流之一。城市大面积建筑群形成的不透水面使雨水收集具备最有利的条件。城市面积越大，降水越多，可望收集的雨水也越多。

城市雨水收集不仅使城市供水得到大量补充，也可缓解城市下游的雨洪威胁。中国沿海地区和内陆地区，地下咸水（包括微咸水）分布较广，如华北平原。如果采取淡化措施，仍有一定的利用价值。海水的开发利用潜力很大，是缓解滨海地区水资源供需矛盾的一项重要对策。

（5）开展地下水资源的人工补给。采取地表水、地下水联合开发，相互调剂，利用多余洪水对地下水进行人工调蓄措施，是扩大水资源和解决地下水过量开采的有效途径。发达国家在城市取水过程中，20%～40%的地下水依靠人工调蓄补给。

人工补给不仅能解决地下水过量开采问题，而且有改良水质、排水回收利用、废水处理、阻止海水入侵、防止地面沉降、控制地震等重大技术用途。开发地下水库具有占用土地少、蒸发消耗小、调蓄能力强、引灌工程简便、工程周期短、耗资小、效益高等优点。根据华北降水年际变化的特点，拦蓄降水和地表弃水，建立地下水库，实行以丰补歉，能最大限度地对水资源进行多年调节，增大当地径流利用系数，提高城市供水的保证率。

2.城市水资源管理措施

（1）节水优先，支撑社会经济可持续发展。根据区域水环境条件和水资源承载能力，制订城市产业结构、布局调整方案，调整与水资源条件和水资源供应不相适应的经济结构，使国民经济各产业发展和产业布局与水资源配置相协调，逐步建立与区域水资源和水环境承载力相适应的经济结构体系。确定水资源的“宏观控制指标”和“微观定额指标”，明确城市总体及各地区、各行业、各部门乃至各单位的水资源使用权指标，确定产品生产或服务的科学用水定额，以促进城市产业结构调整，逐步淘汰高耗水、高污染行业。对非工业行业和居民生活用水也开展定额用水管理。

随着城市人口增加、经济发展，供需矛盾加剧，人类认识到对自然资源必须计价。长期以来水资源市场化程度不高，水价过低，不能以水养水，不利于资源节约，水利工程被当成福利性事业，投资难以回收，缺乏自我发展能力。因此，必须充分发挥市场在水资源配置中的基础性作用，建立合理的水价形成机制和水利投资机制。同时，转变经济增长方式，由传统工业文明的增长方式转向现代文明的可持续发展经济增长方式，提高用水效率，建立规范的水务市场，制定合理的水价机制可以有效促进水资源优化配置，激励提高用水效率、减少浪费。

目前我国城市迫切需要建设以水权、排污权分配与交易为主导的水务市场，实现城市水务市场化。激活城市水务市场需要政府的角色从水务的提供者转向水务法规的制定者、水务市场监管者，引入市场机制，更多地依靠市场力量来建立合理的水权分配和市场交易经济管理模式。同时，允许水务资产结构、投资结构多元化，才能建立有效的利益激励机制和激励动力。

技术性措施具体用于工业节水和市政节水领域。工业节水包括应用冷却系统节水、热力系统节水、工艺系统节水等各种节水工艺与设备等多方面。其中，工序间水的重复使用和套用以及冷却水的循环使用是工业节水的重要技术对策。企业与工厂通过清洁生产审计，推广清洁工艺、节水技术、节水设备以大幅削减水耗改进废水处理工艺，使经过处理的废水再用于生产，逐步达到零排放，形成闭路系统。冷却水循环利用的关键是冷却塔的效率、水质稳定技术、提高循环水的浓缩倍数，减少补给水用量，以及冷却塔中填料的形式和种类。同时采用低水耗和零水耗工艺，进一步提高节水效率。

（2）控制污染，维护良好的水环境和生态系统。由于城市人口增加，城市规模的不断扩大，城市污水排放量急剧增加，严重威胁城市水环境。提高城市污水处理厂的效率，采取集中式污水处理模式，借鉴先进的污水集中处理工艺，不断提高污水处理设施规模和污水处理率，削减污染物排放总量。

城市污染河流的治理应进行分类，对于不同程度的河流或河段采用不同的治理方法和手段。轻度污染河流的治理对策主要有沿河污染源控制、面源控制、人工湿地等河流水质改善对策，如河水增氧、生态砾石床、富营养化防治等；河流生态修复对策、生态堤岸、生物多样性建设等河道防洪对策、水文化、文化古迹、生态文化景观与景观保护对策等。城市黑臭水体或重度污染河流的治理手段则包括河滨污水净化与河道曝气增氧、河道陆生浮床网状生物膜生态修复与净化。其中，生态修复是城市污染河流控制必不可少的措施，包括恢复河流水体生态系统和河流沿岸上生态系统。城市河流的主要生态修复技术有增氧曝气技术、生态浮床技术、生态复合填料技术等。

（3）完善水安全管理信息系统，加速“人水和谐”信息化建设。面临城市水危机，要实现人水和谐相处，水资源可持续利用，需要建立以信息系统为基础的、与社会经济和生态环境协调发展的水安全管理信息系统，完善城市水的供、用、耗、排全过程全要素监控系统。对城市水资源利用系统实时监控，确保供给不能超过水资源的可持续供应量，水质不应随时间下降，有效保护、合理配置、高效利用水资源，确保城市人类系统、社会经济系统和环境系统的可持续发展。

（4）加强水危机管理，提高应急应变能力。水危机管理包括洪水危机管理、枯水危机管理、水环境危机管理和水生态危机管理。在水危机管理中首先要防止人为造成的水危机，从维护河流健康、水资源安全、饮水安全、生态环境安全、粮食安全、人民生命安全出发建立水安全保障体系和应急应变机制。水危机管理不仅是水行政主管部门的职责，也是全社会的活动，城市整体居民都需要有水危机预防的意识，避免城市遭受水危机、水土流失、水环境污染和破坏等影响，促进城市可持续发展。

（5）完善有关法律法规，严格依法行政。水资源管理必须通过政策法规这一措施来实施，必须做到：①认真执行现有的水利、环保等法规政策；②针对城市水资源管理的特点，制定相应的政策法规；③依法行政，不断加大执法力度，规范城市水事活动，在可持续水管理健康诊断、风险评估、预警制度等方面做出尝试，形成完善的生态型城市可持续水管理系统。

（6）信息公开，多方参与管理。城市水资源保护与可持续管理必须达到社会共识后才能顺利展开，管理部门和社会团体的通力合作是城市实现人水和谐的保障。逐步增强居民的环境保护意识，通过各种渠道阐述城市蔓延及其他污染行为对社会造成的危害，建立方便的公众参与及公众环境教育体系，满足群众的知情权。社会各界的积极参与和关注可使项目本身获得社会各个阶层和团体的广泛支持和配合，取得自身需求的信息，同时置身于一个相对完善的监督体系之中，能够及时纠错。

二、农业水资源开发

（一）农村水利现代化

随着我国建设社会主义新农村步伐的日益加快，农村的水利建设也发展和壮大起来，并且新农村的建设对农村水利建设提出了进一步的全新要求，也就是尽可能实现从以往较为传统的水利逐渐向可持续发展水利建设以及现代化水利建设的不断转变，充分地坚持自然和人的和谐以及协调，以农村水资源的可持续利用来不断推动经济社会的迅速发展。

1.农村水利现代化的内涵

为了能够实现水利的可持续发展以及可持续利用水资源，从根本上实现自然与人类的和谐共处的目标，我国国内已经有了非常多的水利现代化研究成果。

（1）应当合理科学地利用水资源，普遍地运用节水灌溉技术，提高水分生产率和用水效率。

（2）应当建立起防涝防洪的安全保障体系，及时解决水资源供给问题。

（3）应当有保证率较高的灌溉水和先进的灌排水设施。

（4）应当将农村自来水加以普及，并且及时地处理农村排放的污水，创建优美的用水环境，提高饮用水供应标准。

（5）应当建立科学的良性运行机制和水资源管理体。

（6）应当有一支综合素质高的管理水利工程的队伍，充分地实现依法管水以及依法治水。

（7）建立完善的水利服务体系和水利技术推广体系。

2.发展高效用水的现代化农业

水资源短缺已成定局，作为用水量占80%的农业用水必须提高水的利用率，为了让有限的农业水资源满足农业生产的需要，农业节水将是长期的战略任务。

农业灌溉将水由源头输送到农田，满足作物需要可以划分为三个环节：①通过灌溉输配水系统，将水由源头引至田间；②在田间地表水入渗到土壤中，在土壤中再分配转化为土壤水，而后被作物吸收；③作物吸收水分后通过光合作用将辐射能转化为化学能，最后形成有机物质——碳水化合物。

高效用水的目标是极大地提高三个环节水的转化和产出效率，既节水又高产。在第一个环节上，要提高输水的效率，其措施是通过工程的投入，实行输水渠道的配套、防渗，将来实行输配水管道化，从而大大减少渗漏损失和蒸发损失；在第二个环节上，要合理地调控农田水分状况，使引进田间的水最大限度地为农作物所利用；在第三环节上就是要调控土壤和地表面附近的大气环境，使农作物的生长有一个良好的外在环境。对于实施第二、三环节要逐步推广喷灌、滴灌等先进灌水技术、田间覆盖保墒技术，并加强田间用水管理。

中国高效用水农业的形成必须以农业灌溉技术变革为前提，而农业灌溉技术的变革又是以现代农田灌溉理论为先导。其理论框架和技术体系是：以高效用水为节水高产的灌溉目标；以土壤水分转化和消耗规律为中心的农田土壤—植物—大气理论；以作物水分生产函数为中心的作物需水规律；以水分调控指标和手段为中心的技术体系。

目前，先进灌水技术的推广步伐正在加快，但受经济实力的制约，在相当长的时间中国仍将以地面灌水为主要灌溉方式，因此，地面节水灌溉技术应是目前推广先进灌水技术的重点。其主要方法包括：①加大田间流速以减少渗流；②实行输配水的管道化以减少用土渠输配水的沿程损失；③对现有渠道进行防渗改造以减少渗漏损失；④发展间歇灌溉，以增加灌水流速，减少深层渗漏损失。

（二）农业水资源管理的可持续发展

1.树立水资源可持续发展的观念

相对于城市，农村对于节约用水的宣传非常少。所以针对农村水资源存在的问题，相关部门在进行城市、工业节约用水宣传的同时也应该注重农村生活、生产节约用水的宣传，广泛开展农村水资源知识的教育，提高农村居民的认识，增强农村居民的节约用水意识。

2.建立统一的农村水资源管理体制

现行农村水资源管理中，条块分割现象严重，各管水部门缺乏有效监督和协调，这对水资源的合理开发、利用、保护和治理极为不利，也是造成农村水资源利用低效、污染严重和开采过度等问题的体制性根源。因此，必须彻底打破“多龙管水”的格局，将现有水资源管理部门统筹起来，建立统一的农村水资源管理机构，把农村水资源开发、利用、治理、配置、节约、保护有效结合起来，实现水资源管理在空间与时间的统一、质与量的统一、开发与治理的统一、节约与保护的统一，并实行从供水、用水、排水到节约用水、污水处理再利用、水资源保护的全过程管理体制。唯有如此，才能实现农村水资源的可持续利用。

面对水资源短缺的严峻形势，节水将是缓解我国农村水资源压力的唯一出路。节水可以提高水资源利用效率、降低供水成本、减少污水排放等。由于现有的管理体制中普遍缺乏对节水的激励机制，大多数农民的节水意识和观念不强，水资源污染治理低效，节水投入不足，因而，必须建立包括农业用水总量动态控制监测、水权转让、水资源有偿使用和取水许可等制度方面的一整套的节水激励运作机制，充分调动农村水资源的使用者和管理者的积极性，实现水资源的高效利用和科学管理。

3.健全农村水资源管理的法律制度

通过法律途径加强农村水资源管理是依法治国的应有之义，同时为农村水资源管理的有效实施提供坚强的制度保障，也是水资源调配、节约、保护等得以顺利开展的前提和方向。因此，必须健全农村水资源管理的法律制度，加大水资源管理执法监督力度，提高水行政管理者的综合素质以保证“依法治水”，并最终实现农村水资源的可持续利用战略。

现有的农村水资源管理主要通过水行政主管部门单方面的管理行为来实现，监督乏力、水资源信息不对等、公众参与度不高等问题长期存在，这也是水事纠纷不断、水行政管理成本居高不下的重要原因。因此，必须广开言路、积极推进水资源管理的民主进程，这不仅能增强公众的水资源忧患意识，及时化解各类水事纠纷，而且能够对水行政行为进行有效监督，促进水行政管理决策的科学化、民主化。

4.改善传统的农业灌溉设施

国家应加强农业灌溉设施基础建设的投入。从灌溉源头上更新陈旧的水利设施，在水流过程中对水渠进行防渗处理或采用以管代渠方式，在灌溉作物时采用喷灌、微灌、滴灌等节水技术，发展各项节水技术的综合集成，最大限度地减少农田灌溉各环节水的损失，提高水资源的总体利用效率。实现从传统的粗放型灌溉农业向高效节水的现代集约型灌溉农业的转变。

调整农业种植结构和水资源的优化配置是农业合理用水、提高水资源利用效率、保证农业持续发展的宏观措施。不同作物具有不同的需水量和需水规律，要针对各地区的水资源条件，利用优化技术，对不同作物进行合理搭配，优化配水使水资源利用达到最佳。

5.保护好现有水资源、充分利用自然降水资源

保护好农村的现有水资源，要采取水资源保护与水污染处理相结合的方式。严格控制农村周边地区对河道的挖砂行为以及村属企业对水资源的过度利用，防止地下水位下降；控制污染物的排放，防止水资源污染。要改变农村的生活就地排放的方式，采取一定的处理措施后再排放；科学合理施用化肥、农药，杜绝使用国家禁用的农药；对一些大型养殖场的畜禽粪便及时处理，防止其在长期堆放过程中随雨水径流污染水源，为了使农村的畜牧养殖粪便得以处理，降低其对水资源的污染，可以在农村推广“沼气工程”，这样既减少污染，又产生了供居民做饭、照明的新能源沼气，同时也生产了比普通堆沤肥肥效更高的沼液、沼渣。

在水资源一定的情况下，自然界的雨水是水资源的唯一补给。对自然降水径流进行干预，通过一定的工程措施增加拦蓄入渗（如梯田）或减少蒸发（如覆盖）来利用雨水或通过一定的汇流面将雨水汇集蓄存，到作物需水关键期再使用积蓄的水进行补灌的主动利用。在干旱缺水的丘陵山区，选择有一定产流能力的坡面、路面、屋顶，或其他经过夯实防渗处理的地方，作为雨水汇集区，将雨水引入位置较低的水窖或水窑内储存，经过净化处理，供农村人畜饮水和农作物灌溉。

三、水能开发

（一）水能

水能是一种能源，是清洁能源、绿色能源，是指水体的动能、势能和压力能等能量资源。水能是一种可再生能源，水能主要用于水力发电。水力发电将水的势能和动能转换成电能。以水力发电的工厂称为水力发电厂，简称水电厂，又称水电站。水力发电的优点是成本低、可连续再生、无污染。缺点是分布受水文、气候、地貌等自然条件的限制大。容易被地形、气候等多方面的因素所影响，国家目前还在研究如何更好地利用水能。

1.水能原理

水的落差在重力作用下形成动能，从河流或水库等高位水源处向低位处引水，利用水的压力或者流速冲击水轮机，使之旋转，从而将水能转化为机械能，然后再由水轮机带动发电机旋转，切割磁力线产生交流电。而低处的水通过阳光照射，形成水蒸气，循环到地球各处，从而恢复高位水源的水分布。

水不仅可以直接被人类利用，它还是能量的载体。太阳能驱动地球上的水循环，使之持续进行。地表水的流动是重要的一环，在落差大、流量大的地区，水能资源丰富。随着矿物燃料的日渐减少，水能是非常重要且前景广阔的替代资源。世界上水力发电还处于起步阶段。河流、潮汐、波浪以及涌浪等水运动均可以用来发电，也有部分水能用于灌溉。

2.水能特点

水能的特点是可再生、无污染。开发水能对江河的综合治理和综合利用具有积极作用，对促进国民经济发展，改善能源消费结构，缓解由于消耗煤炭、石油资源所带来的环境污染有重要意义，因此世界各国都把开发水能放在能源发展战略的优先地位。

3.水能优点

（1）水力是可以再生的能源，能年复一年地循环使用，而煤炭、石油、天然气都是消耗性的能源，随着逐年开采，剩余的越来越少，甚至完全枯竭。

（2）水能用的是不花钱的燃料，发电成本低、积累多、投资回收快，大中型水电站一般用3～5年就可收回全部投资。

（3）水能没有污染，是一种干净的能源。

（4）水电站一般都有防洪启溉、航运、养殖、美化环境、旅游等综合经济效益。

（5）水电投资跟火电投资差不多，施工工期也并不长，属于短期近利工程。

（6）操作、管理人员少，一般不到火电的三分之一人员就足够了。

（7）运营成本低、效率高。

（8）可按需供电。

（9）控制洪水泛滥。

（10）提供灌溉用水。

（11）改善河流航运。

（12）有关工程同时改善该地区的交通、电力供应和经济，特别可以发展旅游业及水产养殖。美国田纳西河的综合发展计划，是首个大型的水利工程，带动着整体的经济发展。

（二）水能资源

1.广义水能资源

人类开发利用水能资源的历史源远流长。风和太阳的热引起水的蒸发，水蒸气形成了雨和雪，雨和雪的降落形成了河流和小溪，水的流动产生了能量，称为水能。

当代水能资源开发利用的主要内容是水电能资源的开发利用，因此人们通常把“水能资源”“水力资源”“水电资源”作为同义词，而实际上，水能资源包含着水热能资源、水力能资源、水电能资源、海水能资源等广泛的内容。

（1）水热能资源。水热能资源也就是人们通常所知道的天然温泉。在古代，人们已经开始直接利用天然温泉的水热能资源，建造浴池来沐浴治病健身。现代人们也利用水热能资源进行发电、取暖。

（2）水力能资源。水力能包括水的动能和势能，中国古代已广泛利用湍急的河流、跌水、瀑布的水力能资源，建造水车、水磨和水碓等机械，进行提水灌溉、粮食加工、舂稻去壳。18世纪30年代，欧洲出现了集中开发利用水力资源的水力站，为面粉厂、棉纺厂和矿山开采等大型工业提供动力。现代出现的用水轮机直接驱动离心水泵，产生离心力提水，进行灌溉的水轮泵站，以及用水流产生水锤压力，形成高水压直接进行提水灌溉的水锤泵站等，都是直接开发利用水的力能资源。

（3）中国河川水能资源的特点。

第一，资源量大，占世界首位。

第二，分布很不均匀，大部分集中在西南地区，其次在中南地区，经济发达的东部沿海地区的水能资源较少。而中国煤炭资源多分布在北部，形成北煤南水的格局。

2.狭义水能资源

水能资源指水体的动能、势能和压力能等能量资源。是自由流动的天然河流的出力和能量，称河流潜在的水能资源，或称水力资源。水能是一种可再生能源。到20世纪90年代初，河流水能是人类大规模利用的水能资源；潮汐水能也得到了较成功的利用；波浪能和海流能资源则正在进行开发研究。

人类利用水能的历史悠久，但早期仅将水能转化为机械能，直到高压输电技术发展、水力交流发电机发明后，水能才被大规模开发利用。目前水力发电几乎为水能利用的唯一方式，故通常把“水电”作为“水能”的代名词。

构成水能资源的最基本条件是水流和落差（水从高处降落到低处时的水位差），流量大、落差大，所包含的能量就大，即蕴藏的水能资源大。水能虽然是清洁的可再生能源，但和全世界能源需要量相比，水能资源仍很有限，即使把全世界的水能资源全部利用了，在20世纪末也不能满足其需求量的10%。

（三）水能开发方式

水能是开发利用水体蕴藏的能量的生产技术。天然河道或海洋内的水体，具有位能、压能和动能三种机械能。水能利用主要是指对水体中位能部分的利用。水能开发利用的历史也相当悠久。

水能利用的方式是通过水轮泵或水锤泵扬水。其原理是将较大流量和较低水头形成的能量直接转换成与之相当的较小流量和较高水头的能量。虽然在转换过程中会损失一部分能量，但在交通不便和缺少电力的偏远山区进行农田灌溉、村镇给水等，仍不失其应用价值。20世纪60年代起，水轮泵在中国得到发展，也被一些发展中国家所采用。

水能利用是水资源综合利用的一个重要组成部分。近代大规模的水能利用，往往涉及整条河流的综合开发，或涉及全流域甚至几个国家的能源结构及规划等。它与国家的工农业生产和人民的生活水平提高息息相关。因此，需要在对地区的自然和社会经济综合研究基础上，进行微观和宏观决策。前者包括电站的基本参数选择和运行、调度设计等，后者包括河流综合利用和梯级方案选择、地区水能规划、电力系统能源结构和电源选择规划等。实施水能利用需要应用到水文、测量、地质勘探、水能计算、水力机械、电气工程、水工建筑物和水利工程施工以及运行管理和环境保护等各种专业技术。

第八章　水资源管理及其污染控制

水资源管理及其污染控制是确保人类健康与生态平衡的关键。科学规划水资源利用、监测水质水量、提高利用效率、保护水源地、跨界合作，是可持续管理的要素。同时，源头控制、污水处理、农业面源污染控制、法规监管等是降低水污染的必备手段。本章主要论述水资源管理及其发展过程、水环境的监测技术分析、水资源保护规划与措施、水污染的控制处理技术。

第一节　水资源管理及其发展过程

一、水资源管理

（一）水资源管理的目标与特征

1.水资源管理的目标

水资源管理的目标可概括为：改革水资源管理体制，建立权威、高效、协调的水资源统一管理体制，建立完善水资源管理法规体系，保护人类和所有生物赖以生存的水环境和水生态系统，以水资源环境承载能力为约束条件，合理开发水资源，提高水的利用效率；发挥政府监管和市场调节作用，建立水权和水市场的有偿使用制度，强化计划节约用水管理，建立节水型社会；通过水资源的优化配置，满足经济社会发展的用水需求，以水资源的可持续利用支持经济社会的可持续发展。

水资源有效利用、节约和保护任务的实现都有赖于强有力的适合社会主义市场经济规律和水资源自然规律的管理组织、体制、制度和运作机制作为保障；有赖于配套完善的水资源管理法规、规范约束管理行为和用水行为，将复杂多变的涉水事务纳入法治轨道。要认识到水是资源、商品，要按经济规律办事，注意发挥市场在水资源配置中的基础性作用。要在政府宏观监管下，依靠市场经济的调节功能，使经营权、收益权流动起来，实现水的商品价值，使合理用水、节约用水及保护水资源的行为得到应有的价值体现，从而实现经济效益、社会效益和资源环境效益的协调统一。

2.水资源管理的特征

随着社会经济的发展，世界各国对水资源的依赖性增强，对水资源管理的要求越来越高。各个国家不同时期的水资源管理与其社会经济发展水平和水资源开发利用水平密切相关。同时，世界各国由于政治、社会、自然地理条件和文化素质水平、生产水平及历史习惯等不同，其水资源管理的目标、内容和形式也不可能一致。但是，水资源管理目标的确定都要与当地国民经济发展目标和生态环境控制目标相适应，不仅要考虑自然资源条件及生态环境改善，还要充分考虑经济承受能力。从水资源与人、与社会经济、与资源环境的关系及其管理视角考虑，水资源的特征如下：

（1）耦合性。通常所说的系统是由相互作用和相互依赖的若干组成部分结合成的具有特定功能的有机整体。一个水资源系统通常由天然水资源系统（系统边界内的地貌、地质、河系、降水、径流等可归为由水文循环组成）和人类活动系统（水库、水电站、灌区、引水、提水、抽水或输水工程、运河、堤防、分洪闸、城市供水工程及机电排灌站、渔业和娱乐等）所组成。维持天然水资源系统的整体性和连续性是水资源系统可持续利用的基础。人类活动会影响天然水资源系统，这种影响是人类生存和经济社会建设发展所必需的。其影响结果可能出现的情况包括：①没有损害天然系统原有的功能，如在水资源环境承载能力限度以内，合理开发利用水资源；②损害了天然系统的功能，如无节制蓄水筑坝、引水等使下游河道枯竭，过量抽取地下水使含水层受到破坏、地面下陷、碱水扩散等；③通过人类活动改善了天然水资源系统，使其恢复或产生有利的环境、生态生机，如对盐碱地区的地下水进行调控等。

（2）整体性。系统的整体功能大于各组成部分的功能之和，即“1+1＞2”效应。这一效应说明系统内部各部分之和在功能上发生了质变。系统的整体性特征追求的就是“1+1＞2”的整体效应。在水资源管理中，它启发管理者重视水资源管理系统的整体效应，在进行决策和处理管理问题时应以系统整体效应为重，从系统整体功能角度分析系统内部各部分之间相互联系、相互激励和相互制约的关系，从整体出发协调好要素之间的关系，做到子系统的目标服从于大系统整体目标的实现。例如，就一国水资源管理系统来讲，地方（某一行政区域）应服从流域、流域服从全国；就开发利用一定范围水资源来讲，各项兴利和除害措施应统筹规划安排，以发挥水资源系统的最大综合功能；就某一范围水资源管理来讲，在服从更高一级水资源管理目标前提下，各项水资源管理的法规、行政、技术、经济、教育等措施应协调，以促进提高水资源管理系统的整体效应。一个完善有效的水资源管理系统必须保持天然水资源系统的整体性和影响，控制与水相关的人类活动，并使管理工作在整体上富有成效。

（3）层次性。系统的层次性特征要求明确划分管理的层次，各管理层要明确自己相应的职责与权力。同时按照等级原则，管理系统内的职权和责任应按照明确而连续不断的系统性要求，从最高管理层一直贯穿到组织的最底层，即要做到责权分明、分级管理。

（二）水资源管理的内容与手段

1.水资源管理的内容

（1）水资源权属管理。水资源的所有权，即水权，包括占有权、使用权、收益权和处分权四项权能。在生产资源私有制社会中，土地所有者可以要求获得水权，使水资源为私人所有。随着全球水资源供需关系的日趋紧张和人类社会的进步，水资源的公有属性被逐渐认可确立，因而国家拥有水资源的占有权和处分权，单位或个人只能通过法定程序获得水资源的使用权和收益权，成为世界水资源管理的发展趋势。

水权的界定、获得与转让是实施水资源有偿使用制度的法律依据和经济基础，获得和超过了额定水资源就相当于占用了他人的水权，应当付费，超过应多付费；反之，出让水权，就应受益。因此，在水资源产权管理上，需要建立符合现代产权制度的水市场，考虑水资源特点，至少应建立以流域内水权分配与交易为基础的一级水市场及以地区内水权分配与交易为基础的二级水市场，只有这样才能使水权在一定范围内、一定程度上流动起来，达到调节地区之间、部门之间，以及集体与个人之间权益关系的目的。

（2）水资源政策管理。政策是指国家为实现一定历史时期的路线和任务而规定的行政准则。在社会主义市场经济条件下，从我国水问题（水多、水少、水脏）实际情况出发，制定和执行正确的水资源管理政策，是取得水资源可持续开发利用与社会经济协调发展的重要保证。因而，水资源政策管理是为实现可持续发展战略下的资源持续利用任务而制定和实施的方针政策方面的管理。

水资源可持续利用是我国经济社会发展的战略问题。水是基础性的自然资源和战略性的经济资源，水资源的可持续利用，是经济和社会可持续发展极为重要的保证。我国是一个水旱灾害十分频繁的国家，除水害、兴水利，历来是我国治国安邦的大事。加强水资源的统一管理、提高水的利用效率、建设节水型社会，是我国管理水资源的基本政策。

我国对水资源实行统一管理、统一规划、统一调配、统一发放取水许可证、统一征收水资源费，维护水资源供需平衡和自然生态环境良性循环，以水资源可持续利用满足人民生活和生态环境基本用水要求，支持和保障经济社会可持续发展。

2.水资源管理的手段

（1）法律手段。法律手段是管理水资源及涉水事务的一种强制性手段，依法管理水资源是维护水资源开发利用秩序、优化配置水资源、消除和防治水害、保障水资源可持续利用、保护自然和生态系统平衡的重要措施。

水资源管理，一方面，靠立法，把国家对水资源开发利用和管理保护的要求、做法，以法律形式固定下来，强制执行，作为水资源管理活动的准绳；另一方面，靠执法，有法不依、执法不严，会使法律失去应有的效力。水资源管理部门应主动运用法律武器管理水资源，协助和配合司法部门与违反水资源管理的法律法规的犯罪行为作斗争，协助仲裁；按照水资源管理法规、规范、标准处理危害水资源及其环境问题，对严重破坏水资源及其环境的行为提起公诉，甚至追究法律责任；也可依据水资源管理法规对损害他人权利、破坏水资源及其环境的个人或单位给予批评、警告、罚款、责令赔偿损失等。

（2）行政手段。行政是国家的组织活动。采取行政手段管理水资源主要指国家和地方各级、水行政管理机关，依据国家行政机关职能配置和行政法规所赋予的组织和指挥权力，对水资源及其环境管理工作制定方针、政策，建立法规、颁布标准，进行监督协调，实施行政决策和管理，是进行水资源管理活动的体制保障和组织行为保障。水资源行政管理主要包括以下内容：

第一，水行政主管部门贯彻执行国家水资源管理战略、方针和政策，并提出具体建议和意见，定期或不定期向政府或社会报告本地区的水资源状况及管理状况。

第二，组织制定国家和地方的水资源管理政策、工作计划和规划，并把这些计划和规划报请政府审批，使之具有行政法规效力。

第三，运用行政权力对某些区域采取特定管理措施，如划分水源保护、确定水功能区、超采区、限采区、编制缺水应急预案等。

第四，对一些严重污染破坏水资源及环境的企业、交通等要求限期治理，甚至勒令其关、停、并、转、迁。

第五，对易产生污染、耗水量大的工程设施和项目，采取行政制约方法，如严格执行《建设项目水资源论证管理办法》《取水许可和水资源费征收管理条例》等，对新建、扩建、改建项目实行环保和节水“三同时”原则。

第六，鼓励扶持水资源保护和节约用水的活动。

第七，调解水事纠纷。行政手段一般具有一定的强制性和准法治性，行政手段既是水资源日常管理的执行方式，又是解决水旱灾害等突发事件的强有力组织方式和执行方式。只有通过有效力的行政管理才能保障水资源管理目标的实现。

（3）经济手段。水利是国民经济的一项重要基础产业，水资源既是重要的自然资源，也是不可缺少的经济资源。在管理中，应利用价值规律，运用价格、税收、信贷等经济杠杆，控制生产者在水资源开发中的不合理行为，调节水资源的分配，促进合理用水、节约用水，限制和惩罚损害水资源及其环境，以及浪费水的行为，奖励保护水资源、节约用水的行为。

（4）技术手段。所谓技术手段就是充分利用科学技术是第一生产力的原理，运用既能提高生产率，又能提高水资源开发利用率、减少水资源消耗、对水资源及其环境的损害能控制在最低限度的技术及先进的水污染治理技术等，可以达到有效管理水资源的目的。运用技术手段，实现水资源开发利用及管理保护的科学化，主要包括：①制定水资源及其环境的监测、评价、规划、定额等规范和标准；②根据监测资料和其他有关资料对水资源状况进行评价和规划，编写水资源报告书和水资源公报；③推广先进的水资源开发利用技术和管理技术；④组织开展相关领域的科研和科研成果的推广应用等。

许多水资源政策、法律、法规的制定和实施都涉及许多科学技术问题，所以，能否实现水资源可持续利用的管理目标，在很大程度上取决于科学技术水平。因此，管好水资源必须以科教兴国战略为指导，依靠科技进步，采用新理论新技术新方法，来实现水资源管理的现代化。

二、水资源发展

水资源是人类社会发展中至关重要的基础资源之一，对于维持生态平衡、促进社会经济发展起着不可替代的作用。有效的水资源管理与发展是现代社会可持续发展的关键条件之一。水资源管理涵盖了水的供应、利用、保护和治理等多个方面，其发展必须与科技创新、社会参与和政策法规的支持紧密结合，以确保水资源的合理分配和可持续利用。

在水资源管理中，供水是首要问题之一。保障居民、农业和工业用水的需求，需要建立高效的供水系统，包括水源的科学选址、先进的抽取和输送技术以及合理的水质监测和处理措施。同时，推动节水技术和意识的普及、减少浪费、提高水资源的利用效率也是至关重要的一环。

在农业领域，科学的灌溉管理和农业水资源的合理配置对于提高农业生产效益和保护土壤水分具有关键作用。引导农业从传统的大水量灌溉向节水灌溉的转变，采用现代化的水肥一体化技术，可以降低用水成本、提高农产品质量，实现农业的可持续发展。水资源管理还需要注重对水环境的保护。治理水体污染，保障水质安全，是维护生态平衡和人类健康的基本要求。建立完善的水质监测网络，制定严格的排污标准，推动企业和个人采用清洁生产和环保技术，都是实现水资源可持续利用的关键步骤。

在社会层面，水资源管理需要促进公平和包容。确保各个社会群体都能够平等享有水资源的权益，避免因资源过度开发导致的社会矛盾和不平等。同时，注重水资源的社会价值，引导社会各方面对水资源的可持续管理共识，形成多元共治的水资源管理体系。

水资源管理的发展还需要政策法规的积极支持。制定科学合理的水资源管理法规，建立健全的管理机制，明确政府、企业和公众在水资源管理中的责任和义务，形成合力。同时，加强国际合作，共同应对全球性的水资源挑战，推动跨境水资源的合理开发和利用。

在科技创新方面，引入先进的水资源监测技术、信息技术和人工智能等手段，提高水资源管理的精细化和智能化水平。通过大数据分析，及时了解水资源的动态变化，做出科学合理的决策。同时，积极推动水资源科研，不断提高水资源管理的技术水平和管理水平。

总的来说，水资源管理与发展是一个系统工程，需要综合运用各种手段和策略，包括技术手段、政策法规、社会参与等多方面的因素。只有在全社会的共同努力下，才能够实现水资源的可持续管理和发展，为人类社会的可持续发展奠定坚实的基础。水资源的科学合理利用和保护，关系到千家万户的生活和社会的可持续发展，是一个不容忽视的重要课题。

第二节　水环境的监测技术分析

“当前，我国对水环境监测工作非常重视，有关部门加大了对水环境的监测力度，以期通过这一工作的有效开展实时掌控我国水环境的状态，优化水环境监测技术，并精准把控水环境的质量控制要点，切实保护好水资源。”[①]

一、地表水水质监测方案

（一）水质监测的目的

水质监测分为环境水体监测和水污染源监测。环境水体包括江、河、湖、水库、海水；水污染源包括工业废水、生活污水、医院污水等。其监测目的如下：

第一，对江、河、水库、湖泊、海洋等地表水和地下水中的污染因子进行经常性的监测，以掌握水质现状及其变化趋势。

第二，对生产、生活等废（污）水排放源排放的废（污）水进行监视性监测，掌握废（污）水排放量及其污染物浓度和排放总量，评价其是否符合排放标准，为污染源管理提供依据。

第三，对水环境污染事故进行应急监测，为分析判断事故原因、危害及制定对策提供依据。

第四，为国家政府部门制定水环境保护标准、法规和规划提供有关数据和资料。

第五，为开展水环境质量评价和预测、预报及进行环境科学研究提供基础数据和技术手段。

第六，对环境污染经济纠纷进行仲裁监测，为判断纠纷原因提供科学依据。

---

① 徐丽丽.水环境监测技术分析与监测质量控制要点研究[J].皮革制作与环保科技，2023，4（02）：65.

（二）资料的收集与调查

1.监测对象资料收集

在制订监测方案之前，应尽可能完备地收集待监测水体及所在区域的有关资料，主要如下：

（1）水体的水文、气候、地质和地貌资料。如水位、水量、流速及流向的变化；降雨量、蒸发量及历史上的水情；河流的宽度、深度、河床结构及地质状况；湖泊沉积物的特性、间温层分布、等深线等。

（2）水体沿岸城市分布、工业布局、污染源及其排污情况、城市给排水情况等。

（3）水体沿岸的资源现状和水资源的用途；饮用水源分布和重点水源保护区；水体流域土地功能及近期使用计划等。

（4）历年水质监测资料。

2.监测对象实地调查

在收集基础资料的基础上，为了熟悉监测水域的环境，了解某些环境信息的变化情况，使制订监测方案和后续工作有的放矢地进行，实地调查是一项很重要的基础工作。

（三）监测断面和垂线的布设

1.监测断面的布设原则

（1）在对调查研究结果和有关资料进行综合分析的基础上，根据水域尺度范围，考虑代表性、可控性及经济性等因素，确定断面类型和采样点数量，并不断优化，以最少的断面获取足够的代表性环境信息。

（2）对于有大量废（污）水排入江河的主要居民区、工业区的上游和下游，支流与干流汇合处，及入海河流河口及受潮汐影响河段、国际河流出入国境线出入口，湖泊、水库出入口、地表水生态补偿节点，应设置监测断面。

（3）对于饮用水源地和流经主要风景游览区、自然保护区，以及与水质有关的地方病发病区、严重水土流失区及地球化学异常区的水域或河段，应设置监测断面。

（4）监测断面的位置要避开死水区、回水区、排污口处，尽量选择水流平稳、水面宽阔、无浅滩的顺直河段。

（5）监测断面应尽可能与水文测量断面一致，要求其有明显的岸边标志。

2.江河水系监测断面的布设

为评价完整江河水系的水质，需要设置背景断面、对照断面、控制断面和削减断面；对于一般河段，只需设置对照、控制和削减（或过境）三种断面。

（1）背景断面。设在基本未受人类活动影响的河段，用于评价一个完整水系的污染程度。

（2）对照断面。为了解流入监测河段前的水体水质状况而设置。这种断面应设在河流进入城市或工业区以前的地方，避开各种废水、污水流入或回流处。一个河段一般只设一个对照断面，有主要支流时可酌情增加。

（3）控制断面。为评价监测河段两岸污染源对水体水质影响而设置。控制断面的数目应根据城市的工业布局和排污口分布情况而定，设在排污区（口）下游污水与河水基本混匀处。在流经特殊要求地区（如饮用水源地、风景游览区等）的河段上也应设置控制断面。

（4）削减断面。削减断面是指河流收纳废水和污水后，经稀释扩散和自净作用，使污染物浓度显著降低的断面，通常设在城市或工业区最后一个排污口下游1500m以外。

3.湖泊、水库监测垂线的布设

湖泊、水库通常只设监测垂线，当水体复杂时，可参照河流的有关规定设置监测断面。

（1）在湖（库）的不同水域，如进水区、出水区、深水区、湖心区、岸边区，按照水体类别和功能设置监测垂线。

（2）湖（库）区若无明显功能区别，可用网格法均匀设置监测垂线，其垂线数根据湖（库）面积、湖内形成环流的水团数及入湖（库）河流数等因素酌情确定。

（3）受污染影响较大的重要湖泊、水库，在污染物主要输送路线上设置控制断面。

4.海洋监测断面和垂线的布设

根据污染物在较大面积海域分布的不均匀性和局部海域相对均匀性的时空特征，在调查研究的基础上，运用统计方法将监测海域划分为污染区、过渡区和对照区，在三类区域分别设置适量监测断面和监测垂线。

（四）明确采样时间和采样频率

为使采集的水样能够反映水质在时间和空间上的变化规律，必须合理地安排采样时间和采样频率，以最低的采样频率取得最有时间代表性的样品。我国水质监测规范中相应要求如下：

第一，饮用水源地、省（自治区、直辖市、特别行政区）交界断面中需要重点控制的监测断面，每月至少采样1次，采样时间根据具体情况选定。

第二，较大水系、河流、湖、库监测断面，每逢单月采样监测1次，采样时间一般为单月上旬，全年监测6次。采样时间为丰水期、枯水期和平水期，每期采样2次。水体污染比较严重时，酌情增加采样监测次数。底质每年枯水期采样监测1次。

第三，受潮汐影响的监测断面分别在大潮期、小潮期进行采样监测。每次都要采集涨、退潮水样进行分别测定。涨潮水样应在断面处水面涨平时采集，退潮水样应在水面退平时采集。

第四，属于国家监控的断面（或垂线），每月采样监测1次，在每月5~10日进行。

第五，如某必测项目连续3年均未检出，且在断面附近确无新增污染源，而现有污染源排污量未增加，在此情况下，可每年采样监测1次。一旦检出或在断面附近有新增污染源，以及现有污染源新增排污量时，即恢复正常采样。

第六，水系背景断面每年采样监测1次，在污染可能较重的季节进行。

第七，海水水质常规监测，每年按丰水期、平水期、枯水期或季度采样监测2～4次。

（五）监测分析的方法

正确选择监测分析方法是获得准确结果的关键因素之一，其选择原则应遵循：灵敏度和准确度能满足测定要求、方法成熟、抗干扰能力好、操作简便。我国对各类水体中不同污染物质的监测分析方法分为三个层次：A层次为国家或行业的标准方法，其成熟性和准确度好，是评价其他监测分析方法的基准方法，也是环境污染纠纷法定的仲裁方法；B层次为统一方法，是已经过多个单位的实验验证，但尚欠成熟的方法，在使用中不断完善，为上升为国家标准方法创造条件；C层次为等效方法，方法的灵敏度、精密度与A、B层次方法具有可比性，或者是一些先进的新方法，但必须经过方法验证和对比实验。

1.无机污染物的测定方法

（1）化学分析法。化学分析法主要包括重量法、容量法等。

（2）原子吸收光谱法。原子吸收光谱法可分为冷原子吸收光谱法、火焰原子吸收光谱法和石墨炉原子吸收光谱法，可测定多种微量、痕量金属元素。

（3）分光光度法。紫外、可见光和红外分光光度法，可测定多种金属和非金属离子或化合物，在常规监测中仍占有较大的比例。其中，有些测定项目引进了流动注射与连续流动技术，实现了自动监测。

（4）电感耦合等离子发射光谱（ICP-AES）法。用于各种水及底质、生物样品中多元素的同时测定，一次进样，可同时测定10～30个元素。

（5）电化学法。电位分析法、近代极谱分析法和库仑分析法，在常规监测中也占有一定比重，可用于水质在线自动监测系统。

（6）离子色谱法。离子色谱法是一种将分离和测定结合于一体的分析技术，一次进样可连续测定多种离子。

2.有机污染物的测定方法

（1）气相色谱（GC）法和高效液相色谱（HPLC）法。这两种方法是分离分析多种有机污染物的有力工具，已得到广泛应用。其中，高效液相色谱法适宜测定热稳定性和挥发性差、分子量大的有机污染物，弥补了气相色谱法的不足。

（2）气相色谱-质谱（GC-MS）法。气相色谱-质谱（GC-MS）法把具有高分离效率的色谱仪与具有准确鉴定和定量测定能力的质谱仪结合于一体，可以对复杂环境样品中的微量组分进行定性和定量分析。

二、地下水水质监测方案

（一）监测对象的资料调查和收集

第一，收集、汇总监测区域的水文、地质、气象等方面的有关资料和以往的监测资料。例如，地质图、剖面图、测绘图、水井的成井参数、含水层、地下水补给、径流和流向，以及温度、湿度、降水量等。

第二，调查监测区域内城市发展、工业分布、资源开发和土地利用情况，尤其是地下工程规模、应用等；了解化肥和农药的施用面积、施用量；查清污水灌溉、排污、纳污和地表水污染现状。

第三，测量或查知水位、水深，以确定采水器和泵的类型、所需费用和采样程序。

第四，在完成以上调查的基础上，确定主要污染源和污染物，并根据地区特点与地下水的主要类型把地下水分成若干个水文地质单元。

（二）地下水采样点的布设

由于地质结构复杂，使地下水采样点的布设也变得复杂。地下水一般呈分层流动，侵入地下水的污染物、渗滤液等可沿垂直方向运动，也可沿水平方向运动；同时，深层地下水（也称承压水）之间也会发生串流现象。因此，布点时不但要掌握污染源分布、类型和污染物扩散条件，还要弄清地下水的分层和流向等情况。通常布设两类采样点，即背景监测井和控制监测井群。监测井可以是新打的，也可利用已有的水井。

背景监测井布设在监测区域未受污染的地段、地下水水流的上方，并垂直于水流方向。污染控制监测井布设在污染源周围不同位置，特别是地下水流向的下游方向。渗坑、渗井和堆渣区的污染物在含水层渗透性较大的地方易造成带状污染，此时可沿地下水流向及其垂直方向分别设采样点；在含水层渗透小的地方易造成点状污染，监测井宜设在近污染源处。污灌区和缺乏卫生设施的居民区的生活污水易对周围环境造成大面积垂直块状污染，监测井应以平行和垂直于地下水流向的方式布设。在地下水降落漏斗区，应在漏斗中心布设监测井，必要时穿过漏斗中心按十字形或放射状向外围布设监测井。在代表性泉、自流井、地下长河的出口布设监测井。

（三）采样时间和采样频率

背景值监测井和区域性控制的孔隙承压水井每年枯水期采样监测1次。污染控制监测井每逢单月采样监测1次，全年6次；当某一监测项目连续2年均低于控制标准值的1/5，且在监测井附近无新增污染源，而现有污染源排污量未增加的情况下，每年可在枯水期采样监测1次，一旦监测结果高于控制标准值的1/5、在监测井附近增加新污染源，或现有污染源增加排污量，即恢复原采样频率。作为生活饮用水集中供水的地下水监测井，每月监测1次。同一水文地质单元的监测井采样时间尽量集中，日期跨度不宜过大。

三、水污染源监测方案

（一）水污染源采样点的设置

水污染源一般经管道或渠、沟排放，截面积比较小，不需设置监测断面，可直接确定采样点位。

第一，工业废水。工业废水主要包括：①在车间或车间处理设施的废水排放口设置采样点，监测一类污染物；②在工厂废水总排放口布设采样点，监测二类污染物。已有废水处理设施的工厂，在处理设施的总排放口布设采样点。如需了解废水处理效果，还要在处理设施进口设采样点。

第二，城市污水。对城市污水管网，采样点应设在城市污水干管的不同位置和污水进入受纳水体的排放口。对城市污水处理厂，应在污水进口和处理后的总排口及各处理设施单元的进、出口布设采样点。

（二）采样频率和采样时间

1.工业废水的采样频率和时间

企业自控监测频率根据生产周期和生产特点确定，确切频率由监测部门进行加密监测并获得污染物排放曲线（浓度—时间，流量—时间，总量—时间）后确定，一般每个生产周期不得少于3次。监测部门监督性监测每年不少于1次；如被国家或地方环境保护行政主管部门列为年度监测的重点排污单位，应增加到每年2～4次。

2.城市污水的采样频率和时间

对城市管网污水，可在一年的丰、平、枯水季，从总排放口分别采集1次流量比例混合样测定，每次进行1个昼夜，每4小时采样监测1次。在城市污水处理厂，为指导调节处理工艺参数和监督外排水水质，每天都要从部分处理单元和总排放口采集污水样，对一些项目进行例行监测。

第三节　水资源保护规划与措施

一、水资源保护规划

（一）水资源保护规划的原则

1.可持续发展

水资源保护规划应与流域水资源开发利用规划及社会经济发展规划相协调，根据被规划水体的环境承受能力，科学合理地开发利用水资源，并留有余地，以保护当代和后代赖以生存的水环境，维持水资源的永续利用，促进经济社会的可持续发展。

2.全面规划、突出重点

水资源保护规划是将水系内干流、支流、湖泊、水库以及地下水作为一个大系统，充分考虑河流上下游、左右岸，省际、市际，湖泊、水库的不同水域，以及远、近期经济社会发展对水资源保护规划的要求来进行全面规划。坚持水资源开发利用与保护并重的原则。统筹兼顾流域、区域水资源综合开发利用和经济社会发展规划。对于城镇集中饮用水水源地保护等重点问题，在规划中应体现优先保护的原则。

3.水质与水量统一、水资源与生态保护相结合

水质与水量是水资源的两个主要属性，水资源保护规划的水质保护与水量密切相关。规划中将水质与水量统一考虑，是水资源的开发利用与保护辩证统一关系的体现。在水资源保护规划中应从水污染的季节性变化、地域分布的差异、设计流量的确定、最小生态环境需水量、入河污染物总量控制指标等方面反映水质和水量的规划成果。还应考虑涵养水源，防止水资源枯竭、生态环境恶化等问题出现。

（二）水资源保护规划的任务

第一，水资源保护规划应以水资源学、环境科学技术和社会主义经济规律为指导，正确处理区域开发、城乡建设与环境保护的辩证关系，以寻求环境、经济、社会综合效益的最优化，实现经济、社会与环境的可持续发展。

第二，水资源保护规划应以国家颁布的有关水环境质量标准与法规为基本依据，按照区域的性质、功能、环境特征、居民的要求和经济水平，研究制定适当

的水资源保护目标和一系列的排放污染物的总量控制指标。

水资源保护规划的重要任务之一，就在于弄清排放污染物与水环境质量之间的相互关系；根据本区域水环境质量标准与规划水质目标，制订各规划水域的污染物总量控制要求和排污总量分配方案。

第三，水资源保护规划应以清洁生产和最佳实用防治技术为手段，研究制订水资源保护系统最佳效能条件下的水资源保护工程设施规划与管理规划。

水资源保护规划的整体战略安排，是建立在各个组成部分的各种具体对策、措施的技术经济可行性基础上的。对于这些对策、措施，需要通过调研、类比、试验和分析，论证其可行性并进行选择，这种选择必须建立在我国当前经济技术水平和地区特点的最佳实用防治技术基础上，以使之既具有实施的可靠性，又具有最佳的效能。在此基础上，通过各种组合所形成的综合的水质模拟方案、经济分析及优化决策，才能做出最佳综合效能下的水资源保护工程设施规划与管理规划。

（三）水资源保护规划的内容

水资源保护规划是在对水环境系统分析的基础上，合理地确定水体功能，进而对水的开采、供给、使用、处理、排放等各个环节做出统筹安排和决策。水资源保护规划从理论上应涵盖水质控制规划和水资源利用规划两部分内容。前者以实现水体功能要求为目标，是水资源保护规划的基础；后者强调水资源的合理利用和水环境保护，它以满足经济和社会发展的需要为宗旨。

进行规划时，必须了解被规划水体的种类、范围、深度要求和规划的任务等。根据方案所形成的原则和方法，拟订比较方案。然后对比较方案根据一定的准则进行优选。因此，规划的内容包括：①通过调查评价水体的现状和功能，明确水体的主要污染源及污染物；②对水体功能进行区划，拟定水质目标和设计条件；③按规划的不同水平进行污染预测；④根据水体稀释自净特性、环境容量、污染物总量控制以及技术经济比较指标拟订几个比较方案；⑤优选方案；⑥拟定分期实施程序并计算分期效益。

水资源保护规划要求把水环境及其流域作为一个生态系统，要合理地、持续地利用流域水土资源的生产能力而不致使环境退化或恶化。水资源保护规划应是流域规划或区域规划、城市规划的重要组成部分。流域（区域、城市）的各种规划是一个整体，应该全盘考虑，互相促进。

二、水资源保护措施

（一）水资源保护法律、法规管理

水资源保护工作必须有许多法律、法规与之配套，才能使保护规划得以实施。水资源保护的法律、法规措施应从四个方面考虑：①建立和完善水资源保护管理体系和运行机制；②运用经济杠杆作用；③加强水资源保护政策法规的建设；④依法行政，建立水资源保护法规体系和执法体系，并进行统一监督与管理。

（二）实现流域水资源的统一管理

流域水资源管理与污染控制是一项庞大的工程，必须对流域、区域和局部的水质、水量进行综合控制、综合协调和整治才能取得较为满意的效果。我国对流域、区域水污染综合防治的技术政策给予明确规定，其主要内容如下：

第一，水污染综合防治是流域、区域总体开发规划的组成部分。水资源的开发利用，要按照“合理开发、综合利用、经济保护、科学管理”的原则，对地表水、地下水和污水进行资源化统筹考虑，合理分配和长期有效地利用水资源。

第二，制订流域、区域的水质管理规划并纳入社会经济发展规划。制订水质管理规划时，对水量和水质必须统筹考虑，应根据流域、区域内的经济发展、工业布局、人口增长、水体级别、污染物排放量、污染源治理、城市污水处理厂建设、水体自净能力等因素，采用系统分析方法，确定最优方案。在流域、区域水资源规划中，应充分考虑自然生态条件，除保证工农业生产和人民生活等用水外，还应保证在枯水期为改善水质所需要的环境用水。特别是在江河上建造水库时，除应满足防洪、发电、城市供水、灌溉、水产等特定要求外，还应考虑水环境的要求，保证坝下最小流量，维持一定的流态，以改善水质、协调生态和美化环境。

第三，重点保护饮用水水源，严防污染。对作为城市饮用水水源的地下水及输水河道，应分级划定水源保护区。在一级保护区内，不得建设污染环境的工矿企业、设置污水排放口、开辟旅游点以及进行任何有污染的活动。在二级保护区内，所有污水排放都要严格按照国家和地方规定的污染物排放标准和水体环境质量标准，以保证保护区内的水体不受污染。

第四节 水污染的控制处理技术

一、水环境的修复技术

（一）水环境修复的目标

水环境修复技术是利用物理的、化学的、生物的和生态的方法减少水环境中有毒有害物质的浓度或使其完全无害化，使污染了的水环境能部分或完全恢复到原始状态的过程。在水污染严重、水资源短缺的西藏地区，水作为环境因子，逐渐成为威胁和制约社会经济可持续发展的关键性因素。因此，水体修复的目标是在保证水环境结构健康的前提下，满足人类可持续发展对水体功能的要求，用水包括饮用水、生态环境用水、工业用水、农业用水等。具体的目标包括：①水质良好，达到相应用水质量标准的要求；②水生态系统的结构和功能的修复，包括生态系统组分的所有生物因素；③自然水文过程的改善、水域形态特征的改变等。

水环境修复所遵循的原则不同于传统的环境工程学。在传统环境工程领域，处理对象能够从环境中分离出来，如废水或者废弃物，需要建造成套的处理设施，在最短的时间内，以最快的速度和最低的成本，将污染物净化、去除。

（二）水环境修复的原则

生态工程、化学、生物学、物理学、地理信息和分析监测等，需要将环境因素融入技术中。水环境修复的基本原则如下：

第一，遵循自然规律原则。立足于保护生态系统的动态平衡和良性循环，坚持人与自然的和谐相处；针对造成水生态系统退化和破坏的关键因子，提出顺应自然规律的保护与修复措施，充分发挥自然生态系统的自我修复能力。

第二，最小风险的最大效益原则。在对受损水生态系统进行系统分析、论证的基础上，提出经济可行的保护与修复措施，将风险降到最低程度。同时应尽力做到在最小风险、最小投资的情况下获得最大效益，包括经济效益、社会效益和环境效益。

第三，保护水生态系统的完整性和多样性原则。不仅要保护水生态系统的水量和水质，还要重视对水土资源的合理开发利用、工程与生态环境保护措施的综合运用。

第四，因地制宜的原则。水生态系统具有独特性和多样性，保护措施应具有针对性，不能完全照搬其他地方成功的经验。

（三）水环境修复的内容

水环境修复的基本内容包括现场调查和设计。

1.水环境现场调查

水环境现场调查包括：对修复现场进行科学调查，确定水环境污染现状，包括污染区域位置、大小，污染区域特征、形成历史，污染变化趋势和程度等。除了上述之外，还需调查外部污染源范围和类型、内在污染源变化规律、积泥土壤环境形态和性质、水动力学特征等。

2.水环境修复设计

（1）水环境修复设计原则。水环境修复设计原则主要包括：①制定合理的修复目标以及遵循有关法律、法规；②明确设计理念思路，比较各种方案；③现场调研；④考虑操作、维修、公众的反应、健康和安全问题；⑤估算投资、成本和时间等限制，预测结构施工容易程度以及编制取样检测操作维修手册等。

（2）水环境修复设计程序。水环境修复设计的程序主要包括：①项目设计计划：综述已有的数据和结论；确定设计目标；确定设计参数指标；完成初步设计；收集现场信息；现场勘察；列出初步工艺和设备清单；完成平面布置草图；估算项目造价和运行成本。②项目详细设计：重新审查初步设计；完善设计理念和思路；确定项目工艺控制过程；详细设计计算、绘图和编写与技术说明相关设计文件；完成详细设计评审。③施工建造接收和评审投标者并筛选最后中标者；提供施工管理服务；进行现场检查。④系统操作，编制项目操作和维修手册；设备启动和试运转。⑤验收和编制长期监测计划。

（四）水环境修复的方法

1.物理修复

水体功能受损的主要特征是水体富营养化，即水环境中氮、磷等营养物质浓度高，可能导致水体藻类疯长、溶解氧下降、浊度增加、透明度下降、水质劣化、变黑变臭等，进而导致水体生态系统崩溃。物理修复通常和其他修复方法联合应用，相互弥补缺点，以达到最好的处理效果。

（1）稀释和冲刷。稀释和冲刷是采用向污染的河道或湖泊水体中注入未受污染的清洁水体，以达到降低水体中营养盐浓度、将藻类冲出水体的目的，是经常搭配使用的技术之一。

稀释包括污染物浓度的降低和生物量的冲出，而冲刷仅仅指生物量的冲出。对于稀释来说，稀释水的浓度必须低于原水，且浓度越低，效果越好。

对于冲刷来说，冲刷速率必须足够大，使得藻类的流失速率大于其生长繁殖速率。这种技术可以有效降低污染物的浓度和负荷，减少水体中藻类的浓度，加快污染水体流动，缩短换水周期，提升水体自净能力，提高水环境承载力。

水体稀释与冲刷还能够影响污染物质向底泥沉积的速率。在高速稀释或冲刷过程中，污染物质向底泥沉积的比例会减小。但是，如果稀释速率选择不当，水中污染物浓度可能不降反升。

（2）曝气。污染水体在接纳大量需氧有机污染物后，有机物降解将造成水体溶解氧浓度急剧降低。同时，由于藻类的疯长，消耗大量的氧气导致水体表层以下呈厌氧状态。溶解氧浓度低甚至厌氧状态导致溶解盐释放，硫化氢、硫醇等恶臭气体产生，使水体变黑变臭。曝气法是通过曝气设备将空气中的氧强制向水体中转移的过程。曝气法能增加本区域和下游水体中的溶解氧含量，避免水生物的缺氧死亡，改善水生生物的生存环境，提高水环境的自净能力，有效限制底层水体中磷的活化和向上扩散，从而限制浮游藻类的生产力。目前，经常采用橡胶坝、太阳能曝气法等达到富氧的目的。

（3）机械和人工除藻。利用机械和人工方法收获水体中的藻类，可有效减轻局部水华灾害，增加营养物的输出量，减轻藻体死亡分解引起的藻毒素污染及耗氧，起到标本兼治的作用。

人工打捞藻类是控制蓝藻总量最直接的方式。目前，在太湖、巢湖、滇池仍有采用人工打捞的方式除藻，由于人工打捞手段落后，时间有限，导致效率低、费用高。机械除藻一般应用在蓝藻富集区（借助风向、风力等将蓝藻围栏集中在某一区域），采用固定式除藻设施和除藻船对区域内湖水进行循环处理，有效清除浮藻层，为化学或生物除藻等措施的实施创造条件。

除此之外，可采用投絮凝剂和机械除藻相结合的方式，如投蓝藻专用复合絮凝剂，利用絮凝反应使藻浆与絮凝剂充分混合并形成絮体；在重力浓缩段，利用蓝藻絮体自身重力脱去游离水；在压滤段，利用竖毛纤维的附着性及机械力的挤压使蓝藻絮体中的水分充分脱去，最终形成块状藻饼。

2.化学修复

化学修复是根据水体中主要污染物的化学特征，采用化学方法进行修复，改变污染物的形态（如化学价态、存在形态等），降低污染物的危害程度。化学修复见效快，成本高，需反复投加，易产生二次污染，且不能从根本上解决问题。通常适用于突发性水污染或小范围严重水污染的修复。

（1）投絮凝剂。借助絮凝剂如铁盐、铝盐等的吸附或絮凝作用与水体中无机磷酸盐共沉淀，降低水体富营养化的限制因子磷的浓度，控制水体的富营养化。同时，铝盐能够形成氢氧化铝沉淀，在沉积物表层形成“薄层”，阻止沉积磷的释放。

（2）投除藻剂。常用的除藻剂主要有硫酸铜、高锰酸盐、硫酸铝、高铁酸盐复合药剂、液氯等。其中，由于蓝藻对硫酸铜特别敏感，因此，含铜类药剂是研究和应用较早、较多的杀藻药品。但是由于化学杀藻剂仅能在短时间内对水体中藻类有控制作用，需要反复投加除藻剂，成本增加，且只治标不治本。同时，死亡的藻体仍保留在水体中，不断释放藻毒素，其分解消耗大量氧气。此外，杀藻剂本身往往对鱼类及其他水生生物产生毒副作用，造成二次污染。因此，投除藻剂需要科学地评估其风险，一般不宜采用。

（3）投除草剂。除草剂是控制水草疯长的有效途径。目前大部分除草剂在推荐的使用浓度下都有良好的除草效果，而对其他鱼类、无脊椎动物和鸟类毒性低微，在食物网中也无残留。有时只在水草堵塞的水体中使用除草剂。但除草剂也有潜在的污染水质问题，如杀死的水草腐败耗氧，释放营养物质等。如果选择颗粒状除草剂，在水草长出之前就撒入水中，可避免发生这种现象。有的除草剂或其降解产物对鱼类或鱼类饵料生物有毒副作用。

3.生态修复

（1）水环境生态修复的特点。生态修复是在生态学原理指导下，以生物修复为基础，结合各种物理修复、化学修复以及工程技术措施，通过优化组合，使之达到最佳效果和最低耗费的一种综合的修复污染环境的方法。

水环境生态修复是利用可持续的特点以增加生态系统的价值和生物多样性的活动，即修改受损河流物理、生物或生态状态的过程，使修复工程后的河流较目前状态更加健康和稳定。生物多样性越强，则生态系统的稳定性越好，正是基于这一原理，从整个水体生态系统着眼，使水体中有益的水生植物、微生物、鱼类等都得到充分发展，使水体生物多样性达到最大化，从而使得水体生态系统长期稳定，提高水体的自净能力，最终获得人与自然的和谐。

水环境生态修复的特点包括：①综合治理，标本兼治，节能环保；②设施简单，建设周期短，见效快；③因地制宜，擅长解决现有水体的水质问题；④综合投资成本低，运行维护费用低，管理技术要求低；⑤生物群落本土化，无生态风险；⑥生物多样性强，生态系统稳定；⑦对污染负荷波动的适应能力强。

（2）人工浮岛技术。人工浮岛技术，是人工把水生植物或改良驯化的陆生植物移栽到水面浮岛上，植物在浮岛上生长，通过根系吸收水体中的氮磷等营养物质、降解有机污染物和富集重金属，从而达到净化水质的目的。人工浮岛的最大优点是构建和维护方便，改善景观，恢复生态，还有利于营养盐和浮游植物的去除。

人工浮岛技术净化机理可分为以下方面：

第一，浮岛植物吸收和吸附水体中氮、磷物质。浮岛植物通过根系吸附并吸收水体中氮、磷等营养盐供给自身生长，从而改善水质。

第二，植物根系增大水体接触氧化的表面积，并能分泌大量的酶，加速污染物质的分解。

第三，浮岛植物的抑藻效用。一些植物能有针对性地抑制相应藻类的生长，如芦苇对形成水华的铜绿微囊藻、小球藻都有抑制效用。

第四，浮岛植物与微生物形成共生体系。浮岛植物输送氧气至根区，形成好氧、兼性的小生境，为多种微生物的生存提供适宜的环境。同时，微生物可以把一些植物不能直接吸收的有机物降解成植物能吸收的营养盐类。

第五，浮岛的日光遮蔽作用。浮岛在水域上占据一定的水面，在富营养化的水体中能减弱藻类的光合作用，延缓水华的暴发。

生态浮岛主要由浮岛矿体、浮岛床体、浮岛基质和浮岛植物四部分组成。人工浮岛的框架一般由木材、竹材、塑料管、泡沫、废旧轮胎高分子纤维等材料加工而成。在选择污染水体修复的浮岛植物时，通常除了选择生物量大、适应性强、耐污性好、污染物去除率高的一种或几种水生植物组合外，还应综合考虑区域特点、耐寒能力、季节等因素。可供选择的植物包括能够分泌抑藻物质的水浮莲、满江红、浮萍、紫萍、狐尾藻、金鱼藻、马蹄莲、轮藻、石菖蒲等，以及其他的植物，包括美人蕉、水蕹菜、牛筋草、香蒲、芦苇、荻、水稻、水芹、黄花水龙、向香根草等。

人工浮岛技术在不断完善中，改进生态浮岛结构是提高浮岛净化效果的方式之一。目前，生态浮岛结构改造主要是以浮岛系统与接触氧化系统、曝气系统、水生动物、微生物、填料、生物净化槽等中的一个或多个组合而成，充分利用浮岛立体空间，延长浮岛系统食物链以及强化浮岛的微生物富集特性，从而提高净化效果。生态浮岛结构的改变可以使污染物的去除由以植物为主转变为以植物与填料微生物共同作用，但是各部分如何有机组合才能更有效地提高净化效果有待今后继续深入研究。

（3）人工湿地技术。人工湿地主要是利用土壤、人工介质、植物、微生物的物理、化学、生物三重协同作用，对污水、污泥进行处理，最后湿地系统更换填料或收割栽种植物将污染物最终除去。其作用机理包括吸附、滞留、过滤、氧化还原、沉淀、微生物分解、转化、植物遮蔽、残留物积累、蒸腾水分和养分吸收及各类动物的作用。其中，湿地系统中的微生物是降解水体中污染物的主力军。

与污水处理厂相比，人工湿地的优点如下：

第一，人工湿地具有投资少、运行成本低等明显优势。在农村地区，由于人口密度相对较小，人工湿地同传统污水处理厂相比，投资可节省1/3～1/2。在处理过程中，人工湿地采用重力自流的方式，处理过程中基本无能耗，运行费用低。因此，在人口密度较低的农村地区，建设人工湿地比传统污水处理厂更加经济。

第二，污水处理厂使用的化学方法和生物方法，在处理过程中会产生大量富含有害化学成分的淤泥、废渣影响环境，容易形成二次污染。而人工湿地使用纯生物技术进行水质净化，则不存在二次污染。

第三，人工湿地以水生植物和水生花卉为主要处理植物，在处理污水的同时还具有良好的景观效果，有利于改造农村环境。另外，在人工湿地上可选种一些具备净化效果和经济价值较高的水生植物，在污水处理的同时产生经济效益。

第四，人工湿地的运行管理简单、便捷，因为人工湿地完全采取生物方法自行运转，因此基本不需专人负责，只需定期清理格栅池、隔油池、每年收割一次水生植物即可。

人工湿地分为表面流人工湿地、水平潜流人工湿地和垂直潜流人工湿地。

表面流人工湿地是水面位于湿地基质层以上，水深一般为0.3～0.5m，水流呈推流式前进，污水从入口以一定速度缓慢流过湿地表面，部分污水或蒸发或渗入地下，出水由溢流堰流出，近水面部分为好氧层，较深部分及底部通常为厌氧层；潜流湿地系统是目前采用较多的人工湿地类型，根据污水在湿地中流动的方向不同可将潜流型湿地系统分为水平潜流人工湿地和垂直潜流人工湿地两种类型，不同类型的湿地对污染物的去除效果不同，具有各自的优缺点，水平潜流人工湿地因污水从一端水平流过填料床而得名，湿地主要由植物、填料床和布水系统三部分组成，填料床结构剖面图及布水系统自下而上依次为防渗层、卵石层、砾砂层、黏土层等，卵石层和砾砂层对进入此层的污水起到过滤作用，还可以通过滤料上的生物膜对污水中的污染物质进行降解，上层土壤存在大量的植物根系、微生物和土壤矿物，对污水中污染物质起到吸收、降解、置换等物理、化学及生物作用，达到净化污水的目的。

二、城市微污染水处理新技术

（一）微污染水深度处理技术

深度处理通常是指在常规处理工艺后，采用适当的物理、化学处理方法，将常规处理工艺不能有效去除的污染物或消毒副产物的前体物加以去除，从而提高和保证饮用水水质。

1.活性炭技术

活性炭巨大的比表面积能够吸附水环境中的污染物的特性，将活性炭技术应用于微污染水深度处理、饮用水深度处理、饮用水物化预处理、优质直饮水纯净水生产等。

活性炭的吸附效果除与自身性能有关以外，还与被吸附物（吸附质）的特性密不可分。一般情况下，活性炭对相对分子质量在500～3000的有机物具有良好的去除效果，而对相对分子质量小于500或大于3000的有机物去除效果极差。同时，对同样大小的有机物，其溶解度越小、亲水性越差、极性越弱的，活性炭吸附效果则越好，反之就越差。活性炭对水中臭味、腐殖质、溶解性有机物、微污染物、总有机碳、总有机卤化物和总三卤甲烷有明显去除作用。

2.生物活性炭技术

生物活性炭技术即利用粒状活性炭巨大的比表面积及发达的孔隙结构，对水中有机物及溶解氧有很强的吸附能力，将其作为生物载体替代传统的生物填料，并充分利用活性炭的吸附以及活性炭层内微生物有机分解的协同作用。该技术利用微生物的氧化作用来增加水中溶解性有机物的去除效率，延长活性炭的再生周期，减少运行费用，同时水中的氨氮可以被微生物转化为硝酸盐，从而减少了氯化的投氯量，降低了三卤甲烷的生成量。活性炭附着的硝化菌还可以转化水中的氨氮化合物，降低水中NH_3–N的浓度。生物活性炭通过有效地去除水中有机物和臭味，从而提高饮用水化学、微生物安全性，是自来水深度净化的一个重要途径。"生物活性炭工艺是一种联合处理工艺，具有良好的处理效果，并且目前在国内外已经得到了广泛的应用，但仍存在一定的局限性。"①

3.磁性离子交换技术

阴离子型磁性离子交换树脂（MIEX）对水中的天然有机物有一定的去除作用，能够减少水中消毒副产物前体，MIEX还能够减少混凝剂用量，改善混凝效果，且再生性能良好，可反复使用。因此MIEX在饮用水处理中受到越来越广泛的关注。

（二）微污染水体的处理新技术

1.光氧化法

光氧化法是在化学氧化和光辐射的共同作用下，使氧化反应在速率和氧化能力上比单独的化学氧化、辐射有明显提高的一种水处理技术。光氧化法均以紫外光为辐射源，同时水中需预先投入一定量的氧化剂如过氧化氢、臭氧或一些催化剂，如染料、腐殖质等。它对难降解而具有毒性的小分子有机物去除效果极佳，光氧化反应使水中产生许多活性极高的自由基，这些自由基很容易破坏有机物结构。

（1）光激发氧化法是以臭氧、过氧化氢、氧和空气等作为氧化剂，将氧化剂的氧化作用和光化学辐射相结合，可产生氧化能力很强的自由基。紫外—臭氧联用技术可以氧化臭氧所不能氧化的微污染水中的有机物，如三氯甲烷、六氯苯、四氯化碳、苯，使之变成二氧化碳和水，降低水中致突变物的活性。

（2）光催化氧化法是在水中加入一定数量的半导体催化剂，在紫外线辐射下产生具有强氧化能力的自由基，能氧化水中的有机物。在利用光催化氧化技术

① 张楠，高山雪，陈蕾.生物活性炭工艺在水处理中的应用进展[J].应用化工，2021，50（01）：200.

对饮用水中常见污染物去除效果的过程中发现，该技术对这些有机优先控制污染物有很强的氧化能力，能有效地予以分解和去除。该方法的强氧化性、对作用对象的无选择性与最终可使有机物完全矿化的特点，使光催化氧化在饮用水深度处理方面具有较好的应用前景。但是TiO_2粉末颗粒细微，不便加以回收，同传统净水工艺相比，光催化氧化处理费用较高，设备复杂，使其短期内推广使用受到限制。光催化氧化投入实际应用所需要解决的主要问题是：确定长期运行过程中催化剂中毒情况及寻求理想的再生方法；解决催化剂的分离回收或固定化问题；反应器的设计及提高光能利用率等。随着研究的不断深入，光催化氧化必将得到越来越多的重视。

（3）光敏化降解主要的研究对象是水环境中的石油污染物直链烷烃。敏化剂能够从直链烷烃的碳原子上夺取氢原子后生成羟基，在氧的作用下使其降解为酮、烯、醛、醇等。这些化合物均比烷烃更加容易被水环境中的微生物所降解。光敏化降解常用的敏化剂是蒽醌。

2.超声空化技术

用频率在20KHz上的超声波辐射溶液会引起许多化学变化，称为超声空化效应。降解有机物的途径主要为：热解、自由基氧化、超临界水氧化和机械剪切作用。用足够强度的超声波辐射溶液时，在声波负压相内，空化泡形成并长大，而在随后的声波正压相中，气泡被压缩，空化泡在经历一次或数次循环后达到一不平衡状态，受压迅速崩溃，产生瞬时高温和高压，即所谓的“热点”。空化泡中的水蒸气在这种极端环境中发生分裂及链式反应，产生氧化活性相当强的氢氧自由基和过氧化氢，并伴有强大的冲击波和射流。超声空化对脂肪烃、卤代烃、酚、芳香族类、醇、天然有机物、农药等均有较好的降解作用，超声频率、声强、饱和气体性质、污染物性质浓度、温度均会影响降解效果。

3.高梯度磁滤技术

高梯度磁滤技术是近年发展起来的新兴水处理技术，也是处理微污染水的一个新途径。磁分离的物理作用是利用废水中杂质颗粒的磁性对其进行分离的，对于水中非磁性或弱磁性的颗粒，利用磁性接种技术可使它们具有磁性。在高强度磁场中，实现磁性颗粒物与水的分离。磁滤技术对水中污染物质去除的效果好，对浊度、色度、细菌、重金属及磷酸盐等都有很好的去除效果，无论是夏季高浊时期还是低温低浊期间，处理后的水都能达到饮用水水质标准。

高梯度磁滤技术使混凝工艺的分离速度比常用的斜管沉降法提高10～50倍，可极大地提高水处理速度和减少占地面积，易于实现自动化控制及小型集成化设备，在给水、工业废水及生活污水处理等领域均有广泛的发展前景。虽然它在给水排水处理中的应用尚有许多进一步研究的课题，但它的初步应用研究已充分显示出巨大的优越性和广阔的应用前景，并且随着科学技术的发展、超导磁分离技术的出现，将进一步扩大高梯度磁分离技术在给水排水处理中的应用范围。目前限制高梯度磁过滤技术的主要问题在于磁种的选择、制造及磁种回收工艺需要研究改进。

三、流域水资源保护的重点与关键技术

随着新时期水利工作改革发展，有必要站在流域视角，秉承系统治理理念，并进一步重视水生态系统结构和功能的整体恢复，从人类活动对水资源系统的多维干扰出发，重新定义水资源保护内涵。相较于传统水资源保护，新时期水资源保护的最大特征是强调流域整体的系统治理，因此可称之为“流域水资源保护”。流域水资源保护就是采取一系列保护和修复措施，使人类活动对流域水资源系统的干扰维持在水资源系统的可承载范围之内，实现水资源的可持续利用。

（一）流域水资源保护重点工作

1.水量层面

水量层面的水资源保护主要体现在加强水源涵养、河湖生态流量保障、地下水采补平衡等方面。水源涵养措施主要包括治理水土流失、保护自然植被、开展林草种植、减少源区人为活动等，一般集中在江河源头区和主要产水区。开展水源涵养不是为了增加总径流量，而是为了增加源区林草植被和土壤层的水资源调蓄能力，使源区起到“天然水库”的作用，从而增加枯水期基流量，降低汛期洪峰流量和流域水资源开发利用难度。

河湖生态流量是指为了维系河流、湖泊等水生态系统的结构和功能，需要保留在河湖内符合水质要求的流量（水量、水位）及其过程。

我国生态流量主要考虑生态基流、敏感生态需水、汛期造床洪水三种类型。其中汛期造床洪水也可以看作一种特殊形式的敏感生态需水，对于黄河等多沙河流尤为重要，其他流域可暂不作为重点。加强河湖生态流量保障措施主要包括：①全面开展河湖生态流量目标制定与分级考核；②完善水利工程生态流量泄放

设施，建立生态调度机制；③实行流域与区域相结合的用水总量控制，加强江河水量分配和分季节用水总量控制；④开展重点河湖湿地的生态补水，建立长效机制；⑤开展生态流量的实时监测预警与调控保障。

在地下水方面，重点是开展超采区的综合治理，逐步实现地下水采补平衡和水位恢复；同时加强对地下水水量—水位的双控管理，维持地下水在合理水位，在干旱区支撑地带性植被生长，在滨海区域控制海水入侵，在灌区维护人工绿洲，同时避免土壤次生盐碱化。

2.水质层面

水质保护是传统水资源保护的核心内容，重点是将入河污染总量控制在水体纳污能力范围之内，实现既定水质目标，对人体健康和生态系统不构成威胁。在传统水质保护工作之外，流域水资源保护强调以下方面的转变：

（1）从纳污总量控制向“清水入河”转变。河湖水体本身具有一定的纳污能力，若严格按照纳污能力来进行入河污染控制，由于面源污染等不可控因素的影响，往往水质并不能达到预期目标。从流域水资源保护角度，应尽可能实现污染物的源头减排和过程阻断，最大限度地避免污染物的入河。主要措施包括工业园区“零排放”技术推广、废污水再生利用、种植业化肥农药减施和节水减排、畜禽养殖废弃物综合利用、入河前的湿地和缓冲带净化等。通过流域内各区域、各子流域的“守土有责”和污染物“就地消纳和处理”，实现“清水入河”。

（2）从以化学指标为主向由水温、水质指示物种等理化生指标并重转变。以往对河湖水质的保护集中在化学需氧量、氨氮等化学指标上，水温、溶解氧（DO）等与水生生物栖息繁衍密切相关的指标未作为考核评价的重点。水温在鱼类繁殖过程中具有重要的信号指示、产卵刺激和积温发育功能，水利工程导致的下泄水温滞后、冷却用水造成的温排水热污染均会导致鱼类正常繁殖过程被打乱，影响鱼类繁殖和越冬成功率，需要采取措施减缓其影响。DO浓度与水生生物的生存密切相关，其受污染程度、水体流动性等多方面因素的影响，是水体质量和生态友好性的重要表征指标，需要加强监测评价和控制。而利用水质敏感性指示物种对水体质量进行快速检测，也成为近年来水质监测评价的发展方向。

（3）从提升水质向打造宜居水环境转变。水质保护的终极目的是不影响水体综合功能的发挥，传统水质保护重视各项评价指标的达标，而在新时期生态文明和“幸福河湖”建设背景下，提高城乡居民对河湖水体的满意度和亲近率，通过良好的水环境为公众提供更多优质生态产品成为水资源保护新的内涵。在城市城区水体达到标准的基础上，开展“清水工程”建设，着力提升城区和主要景观水体的透明度，以“群众满意度”作为水环境的核心评价指标，是城市宜居水环境建设的典范。对于农村地区，宜结合乡村振兴等工作，大力推进农村水系综合整治和水美乡村建设。

3.水域层面

水域层面保护重点是维持水域空间的数量、结构和功能的稳定。在数量方面，要科学划定水域空间保护边界，制定分区水域空间总面积目标指标。以水域空间保护边界为依据，对未经批准围垦湖泊河道、非法侵占水域滩地、乱扔乱堆垃圾、弃置堆放物体等违规行为进行稽查、整治和清退，恢复被侵占水域，并综合利用卫星遥感、地面监测巡查等手段，建立动态监管体系，确保水域空间面积不减少。

在结构和功能方面，要加强对流域、区域水域空间的组成进行调查评价和控制管理，包括天然—人工比例、永久性—季节性比例、河—湖—库—沼—滩结构、大—中—小斑块比例、纳入保护地体系空间占比等，以维持水域生境的多样性，同时对水域空间的最大斑块指数、景观连接度等指标进行评价和管控，确保水域行洪蓄洪、水源供给、净化水体、生物栖息、物质能量通道、文化娱乐等综合功能的发挥。此外，要通过设立禁采区、禁航区和禁航时段、限制通航强度等手段，降低采砂、航运等水域单一功能对其他功能，特别是水生生物生境的影响。

（二）流域水资源保护关键技术

1.流域山水林田湖草系统治理技术

流域生命共同体是一个人与自然的复合系统，因此系统治理具有双重目标要求：①维护流域生态系统健康，包括陆域和水域两大空间的生态系统，保障生态安全，维护生态功能；②支撑区域经济社会高质量发展，通过生态产品的价值实现与生态产业的健康发展，不断满足人民日益增长的优美生态环境和优质生态产品的需求。以往针对生命共同体单要素的治理研究多，如何充分发挥水在生命共同体中的纽带作用，实现多要素系统治理和“自然—社会”双重目标尚需要深入研究。

2.水系整体连通性评价与恢复技术

目前对河流纵向连通性的评价和调控研究主要以单条河流作为基本的评价单元，以具体工程的过鱼设施建设为重点恢复手段，而对河流连通性最为敏感的洄游鱼类，其栖息范围往往不局限于某一条具体河流，而是在整个流域水系内迁徙，因此，对河流连通性的评价和调控宜以水系为单元进行，一方面，需要研发水系整体连通性评价方法，对拦河建筑物造成的水系连通性降低程度进行科学评价；另一方面，要在高效过鱼设施建设运行技术基础上，研发流域干支流联合调控、支流替代生境等水系整体连通性保护恢复技术。

3.水域空间结构与功能优化调控技术

随着遥感、AI技术的发展，关于水域空间数量层面的动态监控技术已趋于成熟，而水域空间管控阈值及其结构与功能的联合优化技术还有很大的发展空间。水域空间管控的重要阈值包括：不同区域和类型河流滩地与主槽宽度比、不同区域城市建成区水域空间比例、无堤防河段蓝线划定范围、农垦开发区湿地与农田控制比例等。水域空间结构和功能联合优化的重点在于根据水域空间的重点功能，对其结构组成、景观连接度等性质的适宜性进行评价，提出水域空间保护修复的指导意见和方案，促进水域空间综合功能的发挥。

4.生态流量成效评估与适应性调整技术

目前关于生态流量目标的科学制定与调控保障已有大量的研究成果和技术方法，而对于既定流量目标调控保障后的生态响应和成效，还缺乏系统的监测评估，需要大力推进，并根据评价结果对原有生态基流、敏感生态需水目标的适应性进行评价，形成生态流量目标的滚动修正技术方法，促进生态流量目标和管理体系的不断完善。

5.水生态高效传感设备与监测评价技术

针对目前水生态监测评价采样难、周期长、效率低的问题，研发以仿真鱼、水下机器人和人工智能为核心技术的水下综合感知技术与设备，研发水生态“一杆通”高效采样监测设备，研究水质生物检测、eDNA等新型监测评价技术，并不断完善相应的物种和基因数据库，建立基于卫星遥感、雷达、移动设备的流域水资源、水环境、水生态“三水”智能感知技术体系，综合现有河湖健康评价标准，提出适应我国不同区域水生态特征的高效评价技术。

第九章 河道设计与管理

河道设计与管理对于维护生态平衡、保障人类生活和促进可持续发展都至关重要。合理的河道设计可以最大限度地平衡各种需求，确保水资源的可持续利用，减少自然灾害的风险，促进社会、经济和环境的协同发展。本章主要研究河道的设计内容、河道采砂规划与管理、河道堤防管理与险情处理。

第一节 河道的设计内容

一、河道内栖息地的设计

河道内栖息地是指具有鱼和其他水生生物个体生长发育所需物理特征的栖息地。栖息地物理特征包括水流条件、掩蔽物和底质等。栖息地的质量将直接影响水生生物的丰度、组成以及健康。

在山丘区河道设计中，可根据当地的自然材料情况，因地制宜，选择构建深潭—浅滩结构、小型丁坝、遮蔽物、砾石群等，以改善水流条件，提高栖息地的质量。

（一）构建丁坝

丁坝的特征是把植物作为有生命的建筑材料用到丁坝建筑中来，与无生命的建筑材料相结合。在植物生长发育过程中维持丁坝稳固，更可靠地实现传统丁坝的功能。同时，生态丁坝还致力于形成河道的深潭—浅滩结构，创造多样化的水边生物栖息环境。

丁坝容易建造，石笼、块石、原木等均可用作建筑生态丁坝的材料。根据修建材料的不同，丁坝的形式也不同，一般有桩式丁坝和石丁坝两种形式。以下阐述生态挑流丁坝。

挑流丁坝一般应用于纵坡降缓于2%，河道断面相对比较宽而且水流缓慢的河段，通常沿河道两岸交叉布置，或成对布置在顺直河段的两岸，用于治理河段的泥沙淤积，重建边滩，或诱导主流呈弯曲形式，使河流逐渐发育成深潭和浅滩交错的蜿蜒形态。但是，因自然形成的浅滩是重要的鱼类觅食区和产卵区，需加以保护，不应在此类区域修建生态挑流丁坝。

挑流丁坝可单独采用圆木或块石，也可以采用石笼或在圆木框内填充块石的结构型式。此类结构对于防止河岸侵蚀、维持河岸稳定也具有一定的作用。但是，若丁坝位置和布局设计不合理，则有可能导致对面河岸的淘刷侵蚀，造成河岸坍塌，此时需要在对岸采取适宜的岸坡防护措施。一般来说，自然河道内相邻两个深潭（浅滩）的距离在5～7倍河道平滩宽度，因此上下游两个挑流丁坝的间距至少应达到7倍河道平滩宽度。丁坝向河道中心的伸展范围要适宜，对于小型河流或溪流，挑流丁坝顶端至河对岸的距离即缩窄后的河道宽度可为原宽度的70%～80%。

挑流丁坝轴线与河岸夹角应通过论证或参考类似工程经验确定，其上游面与河岸夹角一般在30°左右，要确保水流以适宜流速流向主槽；其下游面与河岸夹角约60°，以确保洪水期间漫过丁坝的水流流向主槽，从而避免冲刷该侧河岸。为防止出现此类问题，可在挑流丁坝的上下游端与河岸交接部位堆放一些块石，并设置反滤层，以起到侵蚀防护的作用。挑流丁坝顶面一般要高出正常水位15～45cm，但必须低于平滩水位或河岸顶面，以确保汛期洪水能顺利通过，且洪水中的树枝等杂物不至于被阻挡而沉积，否则很容易造成洪水位异常抬高，并导致严重的河岸淘刷侵蚀。

若使用圆木或与块石组合修建挑流丁坝，需要采取适宜的措施固定圆木，例如，采用锚筋把伸向河底的圆木端头固定在河床上，或采用绳索或不锈钢丝把伸向岸坡的圆木端头固定在附近的树上，也可采用锚筋固定在岸坡上。如果单根圆木直径小，不足以形成适宜高度的挑流丁坝，可采用双层圆木，但圆木间要铆接。若单独使用块石修建挑流丁坝，需要采取开挖措施，把块石铺填在密实度或强度相对比较高的土层上，防止底部淘刷或冲蚀。如果是岩基，则需要先铺填一层约30cm的砾石垫层，然后铺填直径较大的块石。挑流丁坝上游端或外层的块石直径要满足抗冲稳定性要求，一般可按照原河床中最大砾石直径的1.5倍来确定。上游端大块石至少应有2排，选用有棱角的块石并交错码放，以保证足够的稳定性。如果当地缺少大直径块石，可采用石笼或圆木框结构修建丁坝。

（二）构建潜坝

潜坝是设置在枯水水面以下，横穿河床修造的低矮挡水建筑物。根据建筑材料，可分为混凝土潜坝、抛石潜坝和木栅潜坝等。传统潜坝的功能主要在于调整水面比降、限制河底冲刷、增加水流宽度等。构筑生态潜坝的一个重要目的是在下游冲刷出深潭，形成与自然的深潭—浅滩十分相似的生物栖息环境。

很多自然材料可以用来修建生态潜坝，例如块石、石笼、原木等，潜坝一般建在缺乏深潭—浅滩结构的河段，并且要求河道比降较小，最好是建在顺直的河段上。另外，潜坝高度不宜过高，以免阻碍鱼类通过。

丁坝河道在防止侵蚀、改善生物栖息地环境等方面的优势明显高于无丁坝河道，但是不能很有效地创造高、低流速区域，而在这个方面，潜坝通过创造河溪深潭—浅滩结构，有效地提高了栖息地的生物多样性。

（三）堰坝的构建

堰坝是利用圆木或块石建造的跨越河道的横式建筑物，堰坝的功能是调节水流冲刷作用，阻拦砾石，在上游形成深水区，在堰坝下游形成深潭，塑造多样性的地貌与水域环境。

堰坝作为一类主要的栖息地加强结构，其作用主要表现在：①上游的静水区和下游的深潭周边区域有利于有机质的沉淀，为无脊椎动物提供营养；②因靠近河岸区域的水位有不同程度的提高，从而增加了河岸遮蔽，堰坝下游所形成的深潭或跌水潭有助于鱼类等生物的滞留，在洪水期和枯水期为其提供了避难所；③因河道中心区强烈的下曳力和上涌力，可产生激流和缓流的过渡区，并有助于形成摄食通道；④深潭平流层是适宜的产卵栖息地。

小型堰坝不同于水利工程的堰坝，其高度一般不超过30cm，不影响鱼类洄游。根据不同的地形和地质条件，堰坝可以具有不同的结构形式，在平面上呈I形、J形、V形、U形或W形等。

堰坝顶面使用较大尺寸块石，满足抗冲稳定性要求，下游面较大块石之间间距约20cm，以便形成低流速的鱼道。堰坝上游面坡度1：4，下游面坡度1：10～1：20，以保证鱼类能够顺利通过。堰坝的最低部分应位于河槽的中心，块石要延伸到河槽顶部，以保护岸坡。

在砂质河床的河流中，不适宜采用砾石材料，可以应用大型圆木作为堰坝材料。圆木堰坝的高度以不超过0.3m为宜，以便于鱼类通过。可以应用木桩或钢桩等材料来固定圆木，并用大块石压重，桩埋入砂层的深度应大于1.5m。如果应用圆木堰坝控制河床侵蚀，应在圆木的上游面安装土工织物作为反滤材料，以控制水流侵蚀和圆木底部的河床淘刷，土工织物在河床中的埋设深度应不小于1m。

二、河道护岸的设计

（一）护岸的功能

第一，防洪功能。抵御江河洪水的冲刷是河岸的首要任务，因此设计时应把防洪安全放在第一位，所采取的各类生态护岸技术措施，都须满足护岸工程的结构设计要求。

第二，生态功能。护岸的岸坡植被，可为鱼类等水生动物和两栖类动物提供觅食、栖息和避难的场所，对保持生物多样性具有重要意义。此外，由于生态护岸主要采用天然材料，避免了混凝土中掺杂的大量添加剂（如早强剂、抗冻剂、膨胀剂等）在水中发生反应时，对水质、水环境带来的不利影响。

第三，景观功能。护岸改变了过去传统护岸“整齐划一、笔直单调”的视觉效果，满足了现代人回归自然的心理要求，为人们亲水、休闲提供了良好的场所，从而有助于提升滨河城市的文化品位与市民的生活质量。

（二）河道护岸的设计要求

第一，符合工程设计技术要求。护岸设计首先须满足结构稳定性与工程安全性要求，其次兼顾生态环境效益与社会效益，因此工程设计应符合相关工程技术规范要求。设计方案应尽量减少人为对河岸的改造，以保持天然河岸蜿蜒柔顺的岸线特点，以及拥有可渗透性的自然河岸基底，以确保河岸土体与河流水体之间的水分交换和自动调节功能。

第二，满足生态环境修复需要。河流及其周边环境本是一个相对和谐的生态系统。在河流生态系统中，食物链关系相当复杂，水和泥沙是滩岸和河道内各种生物生存的基础。生态护岸把河水、河岸、河滩植被连为一体，构成一个完整的河流生态系统。生态护岸的岸坡植被，为鱼类等水生动物和两栖动物提供觅食、栖息和避难的场所。设计时，应通过水文分析确定水位变幅，选择适合当地生长的、耐淹、成活率高和易于管理的植物物种。

第三，体现人水和谐理念，构建滨水自然景观。河道应是亲水型河道，因此必须考虑市民的亲水要求。可设计修建型式多样、高低错落、水陆交融的平台、石阶、栈桥、长廊、亭榭等亲水设施，使城市河流成为人们亲近自然、享受自然的好去处。城市河道建设中的滨水景观设计，要遵循城市历史文脉，并与提升城市品位和回归自然相结合。河流滩岸的景观效果，应按照自然与美学相结合的原则，进行河道形态与断面的设计，但应避免防洪工程建设的园林化倾向。

（三）河道护岸的技术措施

1.植被护坡

植被护坡主要依靠坡面植物的地上茎叶及地下根系的作用护坡，其作用可概括为茎叶的水文效应和根系的力学效应两个方面。茎叶的水文效应包括降雨截留、削弱溅蚀和抑制地表径流。根系的力学效应对于草本类植物根系和木本类植物根系有所不同，草本植物根系只起加筋作用，木本植物根系主要起锚固作用。锚固作用是指植物的垂直根系穿过边坡浅层的松散风化层，锚固到深处较稳定的土层上，从而起到锚杆的作用。另外，木本植物浅层的细小根系也能起到加筋作用，粗壮的主根则对土体起到支承作用。

2.生态型硬质护坡

传统的硬质护坡，如混凝土护坡和浆砌石护坡等，阻断了河流生态系统的横向联系，破坏了水生生物和湿生生物的理想生境，降低了河流的自净能力。对于大江、大河以及一些土质特别疏松的河堤，完全采用植被护坡有时可能难以满足护坡的要求，因此，常采用生态型硬质护坡。所谓生态型硬质护坡，是指既有传统硬质护坡强度大、护坡性能好的优点，又能维持河流生态系统的新型硬质护坡。

3.土壤生物工程护坡

土壤生物工程是一种边坡生物防护工程技术，采用有生命力的植物根、茎（秆）或完整的植物体作为结构的主要元素，按一定的方式、方向和序列将它们扦插、种植或掩埋在边坡的不同位置，在植物生长过程中达到加固和稳定边坡、控制水土流失和生态修复的目的。土壤生物工程不同于普通的植草种树之类的边坡生物防护工程技术，它具有生物量大、养护要求低、生境恢复快、施工简单、费用低廉、近似自然等特征，非常适用于河道险工段的生态护坡工程。

三、河道缓冲带的设计

（一）河道缓冲带的功能

植被缓冲带是位于河道与陆地之间的植被带。专家认为：如果要恢复和保持一条小河流的自然价值，仅改变河道而不保护河岸和缓冲带只能是徒劳的。因此，应该重视缓冲带的设计。缓冲带的功能包括：①过滤径流，防止泥沙和其他污染物进入水体；②吸收养分，减轻农业面源污染对水体的影响；③降低径流速度，防止冲刷，从而保护河岸；④通过缓冲带的拦截，使更多的雨水进入地下水，从而削减了洪水；⑤为鸟类等野生动物提供了理想的栖息场所，林冠层遮阴，可以调节水温，在炎热的夏季为水生生物提供庇护地；⑥具有非常显著的边缘效应，可利于保护当地物种；⑦缓冲带上经济林草的经济效益显著，一般高于农田的经济效益；⑧美化河流景观，改善人居环境，增强河流的休闲娱乐功能。

（二）河道缓冲带的宽度设计

缓冲带的宽度设计应随各种不同功能要求，如邻近的土地利用类型、植被、地形、水文以及鱼类和野生动物种类而改变，其中保护水质是宽度设计最重要的功能要求。

缓冲带减少营养物是显而易见的。虽然对减少农田营养物流失、保护河流的生态环境和保护鸟类所需求的缓冲带宽度的详细情况还需要进一步研究，但缓冲带应有几行树（而不是一行树）的宽度这一点是明确的。3～5棵树宽的缓冲带（8m）将为保护鸟类的多样性提供合适的生态环境。因此，综合考虑减少营养物质的流失和保护鸟类的栖息地，作为一个恢复目标，建议河流两岸的缓冲带宽度至少为8～10m。在耕地比较短缺的地区，可能不得不采用更窄的缓冲带。但即使采用5m宽的缓冲带，对防治农业面源污染和保护河道稳定也有积极的作用。

（三）河道缓冲带的植被设计

缓冲带植被组成应该是乔木、灌木和草地的综合体，它们应适合气候、土壤和其他条件。缓冲带的物种组成设计，可以参考当地天然的缓冲带植被组成。一个含有丰富物种的群落相对具有更大的弹性和生态系统稳定性，同时提供系统不同的功能要求，为不同动物提供栖息地，包括取食、冬季覆盖和繁殖要求。

在设计缓冲带植被组成时，还应注意一般河道与有景观要求的河道的区别，一般河道缓冲带宜栽植经济林草，如水杉、意杨、杞柳、果树等。具有景观要求的河道则应注重景观效果，可选择栽植香樟、女贞、广玉兰、紫薇、红叶楠、美人蕉、白三叶等植物。

第二节　河道采砂规划与管理

一、河道采砂规划

“砂石作为重要的建筑材料，随着经济的发展，工程建设对砂石的需求量急剧增大，河道采砂逐渐成为管理部门的工作难点、媒体关注的焦点和社会关注的热点。”[①]河道采砂规划是水利规划中的专业规划，是对河道采砂活动加以控制和引导的重要手段。制订科学合理的采砂规划，是河道采砂管理的重要基础。

（一）河道采砂规划的必要性

1.合理开发利用河砂资源

制订采砂规划是合理开发利用河砂资源的需要。河床砂石是河道稳定、水沙平衡的物质基础。肆意开采、滥采乱挖河砂必将对河势、防洪、航运、生态与环境等方面带来严重的负面影响。正是由于没有制订统一的采砂专业规划，明确河道的禁采范围和可采区、禁采期和可采期、控制开采总量和年度开采量，是河砂资源的开采利用出现被掠夺性开采局面的重要原因之一。河道采砂管理走上依法、科学、规范、有序的正轨，迫切需要以科学的采砂规划为指导。

床沙是河道挟带泥沙的水流与河床相互作用的产物，河道内的砂石具有自身的流动性、储量的变动性、资源的再生性等特点。但河道采砂应是采掘河床表层的床沙，并非远年沉积的河床沉积层。如果不对采砂进行科学的规划，而无限制地、掠夺式地开采河砂，将会破坏干流相对稳定的河势，破坏长江中下游河道的冲淤平衡。所以，制订河道采砂规划是合理开发利用河砂资源的需要。

2.完善专业规划

制订采砂规划是完善流域专业规划的需要。综合利用规划是对开发、利用和保护水体的总体要求，必须有各项专业规划与之配套，如河道治理规划、防洪规划、航运规划、岸线利用规划以及河道采砂规划等。河道采砂存在的问题十分突出，已经成为国家领导人、社会和人民群众关注的焦点。因此，制订河道采砂规划既是为了满足河道采砂管理的需要，也是为了满足完善水流域相关专业规划的需要。

① 陈广华.河道采砂管理的创新模式研究[J].黑龙江水利科技，2021，49（12）：213.

3.保证河势稳定、防洪与通航安全

制订采砂规划是保证河势稳定、防洪和通航安全、保护良好水环境和水生态等事业的需要。多年来，党和国家十分重视防洪建设，大力兴建和加高、加固堤防，使其具有一定的抵御一般洪水袭击的能力。

河势稳定是防洪安全、通航安全、沿江工农业和交通通信设施正常运行的重要条件，在不合理的区域、不合适的时段，以不恰当的方式进行河道采砂，势必对河势的稳定、防洪和通航安全、水环境和水生态保护、沿江重要设施的运行等带来不利影响。

（二）河道采砂规划的编制原则

第一，应符合相关法律、法规和规章。

第二，应与沿江社会经济发展规划相协调。采砂规划应符合流域综合规划，并与防洪规划、河道治理规划及航运规划相协调。

第三，以维护河势稳定，保障防洪安全、通航安全、沿江工农业生产生活设施正常运用和满足生态环境保护要求为前提，科学、适度、合理地利用河砂资源。

第四，坚持“在保护中利用，在利用中保护”的原则，并做到上下游、左右岸统筹兼顾。

第五，应突出采砂规划的宏观指导性，重视采砂规划的可操作性，并对采砂总量和采砂设备实行控制。

（三）河道采砂规划的主要任务

第一，确定规划范围。河道采砂规划的首要任务是明确规划的范围。这包括确定需要采砂的河段、采砂的深度和范围。在确定规划范围时，需要考虑河流的流量、河床的稳定性、对生态环境的保护等因素。

第二，确定规划任务。河道采砂规划的第二个任务是确定具体的规划任务。这包括确定采砂的方式、设备、时间等。在确定规划任务时，需要考虑河流的特点、采砂的技术和经济条件等因素。同时需要考虑采砂活动对河流生态系统的长期影响，确保采砂活动不会对河流的生态功能造成长期破坏。

第三，规划报告的内容。河道采砂规划的第三个任务是编写详细的规划报告。规划报告应该包括：①概述，包括规划的目的、范围、任务等；②河道的现状分析，包括河流的特点、河床的稳定性、生态环境的情况等；③采砂方案的设计，包括采砂的方式、设备、时间等；④采砂对生态环境的影响分析，包括采砂活动对河流生态系统的影响分析；⑤风险评估，包括采砂活动的风险评估和应对措施；⑥结论和建议，包括对河道采砂规划的总结和建议。

二、河道采砂的监督管理

按照有关法律、法规的要求，行政机关应当建立健全监督制度，通过核查反映被许可人从事行政许可事项活动情况的有关材料，履行监督责任。根据具体情况，对被许可人的监督检查可以定期或不定期进行；对被许可人的监督检查一般以实地检查为主，不需要实地检查时，可以采用书面审查、计算机互联等方式进行监督检查；在行使监督检查职责时，检查人员可以依法查阅或者要求被许可人如实提供有关情况和材料；监督检查的依据是法律、法规、规章和行政许可决定。当监督检查人员发现被许可人未按照法律、法规、规章和许可决定履行义务的，应当责令其限期整改。被许可人在规定期限内不整改的，应当依据有关法律、法规的规定予以处理；当接到被许可人违法从事有关行政许可事项的举报时，必须及时核实、处理。

（一）河道采砂的现场监管

现场监管是指各级水行政主管部门依照相关法律、法规赋予的职责和提出的要求，对河道采砂作业活动进行的监督检查。其目的是加强经采砂许可后的采砂作业实施的现场监督管理，及时发现和处理有关违法违规采砂行为，以保证河道采砂管理总体目标的实现。

1.现场监管人员的职责

（1）宣传、贯彻和落实相关法律、法规和规章。

（2）依照相关法律、法规和规章的规定，维护可采区现场的采砂作业秩序，对采砂活动中的违法违规行为进行查处。

（3）对采砂作业船的采砂作业方案和作业计划进行审查。

（4）采取有效措施，确保采砂作业按采砂许可证的要求和有关规定实施。

（5）对采砂船的作业和运砂船的装载、进出采区的秩序进行监管，并对生产、装载的砂石料进行计量。

（6）为采砂船和运砂船及时填写“采运通联单”。

（7）依法征收河道砂石资源费，依法查处拒缴、拖欠行为。

（8）配合公安、海事部门查处涉砂治安、刑事案件和碍航事件。

（9）记载现场监管工作情况，及时上报现场监管过程中的重要信息。

2.现场监管的内容

现场监管人员对采砂作业现场进行监管的基本内容如下：

（1）采砂作业船是否持有合法有效的河道采砂许可证或有关批准文件，是否存在买卖、转让、涂改、伪造等情况。

（2）采砂作业船及其采砂设备是否与被许可的船只相符，是否按规定设置标识和显示信号。

（3）采砂作业船的技术人员及现场生产管理人员是否符合相关要求。

（4）采砂作业船的安全生产措施的落实情况。

（5）采砂作业船是否在批准的采区范围内，按照规定的作业方式和开采控制高程进行采砂作业。

（6）采砂作业是否按照要求处理砂石弃料、船舶污水及生活垃圾。

（7）采砂作业是否遵守核准的开采时限和控制开采量。

（8）采砂作业船是否按照规定缴纳了河道砂石资源费。

（9）采砂船和运砂船在作业现场的生产、停靠、装载、进出采区等是否遵守规定。

（10）采砂船和运砂船在采区所在水域是否遵守其他相关管理规定。

（二）河道采砂的行政监督

广义的行政监督是指立法机关、行政机关、司法机关、社会政党、社会团体、群众组织、公民、社会舆论等多种政治力量和社会力量，依照法律的规定，对国家行政机关及其工作人员的行政管理活动，是否符合法治原则，是否符合国家和人民的利益所进行的监察和督导；狭义的行政监督是行政机关的一种行政行为，是指以行政机关为监督的主体，以行政管理职权，对管理对象及所管的事务实施的监督检查活动。

1.河道采砂行政监督的主体

作为行政执法监督的主体，必须是人民政府、行政执法部门，监督的对象必须是下级政府或行政执法部门。河道采砂执法监督的主体包括三类：一是各级人民政府；二是水行政主管部门；三是流域管理机构。

2.河道采砂行政监督的内容

（1）水行政主管部门制定的规范性文件情况，主要是审查其合法性。

（2）水行政主管部门的执法工作情况，主要是行政执法责任制执行情况和行政执法活动中处理案件情况（检查案件是否查清，适用法律是否正确，执法程序是否符合规定，案卷文书是否符合要求，行政处理决定是否得以执行）。

（3）行政机关执法主体资格和行政执法人员执法资格情况。

（4）行业社会秩序及综合社会评价（主要是指行政执法机关的社会形象）。

第三节　河道堤防管理与险情处理

一、河道堤防管理的要求

（一）堤防管理的工程要求

不同堤防根据其保护范围和重要程度不同有不同的设计标准，总体来说，堤防工程应达到主管部门批准的设计标准，并且在洪水条件下，保证堤防安全。在堤防设计和施工时应按规范要求进行，就堤防工程的具体管理来说主要应做好以下方面：

第一，断面达标。堤防管理首先是堤防断面应当达到设计的标准，包括堤顶高程、堤顶宽度、边坡坡度、平整度、戗台高程、宽度、边坡等都应满足设计要求。

第二，结构稳定。对于断面达标的堤防，设计在洪水条件下，其结构还需满足安全稳定的要求，不能因产生滑坡、渗透、塌陷、开裂等破坏现象而削弱堤防断面，影响堤防安全稳定。

第三，附属工程设施完好。作为堤防的组成部分，堤防的护坡、护岸、防浪、压渗、截渗、导渗等工程设施应当完好、有效，并能正常发挥作用。

第四，管理设施齐全。堤防的观测设施、交通设施、通信设施、生物工程设施、维护管理设施应当满足管理的要求，并能准确地反映工程运行和安全状况。

对于堤防的沉降观测、位移观测、渗流观测、水位观测、潮位观测、专门观测等应根据工程级别、地形地质、水文气象条件及管理运用要求，确定必需的工程观测项目。要求通过观测手段，监测了解堤防工程及附属建筑物的运用和安全状况，检验工程设计的正确性和合理性，为堤防工程科学技术开发积累资料。

堤防的对内、对外交通应满足工程管理和防汛抢险的需要。要满足各管理处所、附属建筑物、险工险段、附属设施、土石料场、器材仓库、场站码头之间的交通联系，保证对外交通畅通。

堤防的里程碑、分界碑、标志牌、警示牌、观测标点、拦车卡、管理房和生产、生活附属设施应按需要设置。

另外，穿堤闸、涵、管、线及临堤、跨堤工程的建筑物不得降低和削弱堤防的设计标准。

（二）堤防日常监管要求

堤防工程的检查包括日常检查、年度检查和特别检查。

日常检查，指堤防管理单位和管理人员，经常性地对堤防工程进行的检查和观测。检查的内容很广泛，包括管理范围内堤身有无雨淋沟、浪窝、滑坡、裂缝、塌坑、洞穴；有无害虫、害兽的活动痕迹；护坡块石有无松动、翻起、塌陷；沿堤设施有无损毁；护堤林草有无损坏；岸滩有无崩坍；埽坝、矶头有无蛰陷、走动等。检查要全面、细致，并做好记录，发现重大异常情况应当立即向主管部门报告。对于观测项目要做好日常的观测工作。

年度检查，指每年汛前、汛后、大潮前后、有凌汛任务的河道在凌汛期，对堤防工程及设施进行的定期检查。汛前应当重点检查险工险段的情况，防汛准备情况；汛后应重点检查工程的损毁情况，是否发生变化，以拟订岁修计划。必要时可请上级主管部门派员共同进行检查。

特别检查，指发生特大洪水、地震、台风和重大事故等情况时，组织的针对堤防工程的专门检查。一般由有关方面的工程技术人员共同参加，必要时还要进行专项检测和鉴定。

国内外大部分工程异常情况不是先由仪器观测发现的，而是由人巡视检查发现的，因此加强堤防的日常巡视检查非常重要。

二、河道堤防管理的内容

河道堤防管理是确保水域安全与可持续发展的关键之一。在河道堤防管理的范畴内，涉及多个关键要素，其中包括堤身、穿堤建筑物以及防浪林的管理与维护。

（一）堤身的管理与维护

堤身作为河道堤防的主体，其稳固性和完整性对水域安全至关重要。堤身的管理与维护涵盖了一系列工作，以确保其结构不受损害，并采取及时的修复和加固措施，以维护整个水域的安全稳定。

首要的管理任务是定期的巡视与检测工作。通过定期的巡视，可以全面了解堤身的状况，及时发现任何潜在问题，为后续的维护工作提供准确的信息基础。检测工作应当涵盖堤身的物理结构、土质状况、植被覆盖等多方面的因素，以全面评估其稳定性。

针对检测中发现的问题，必须采取及时的修复和加固措施。这可能包括修补已有的结构缺陷、加强堤身的土体稳定性、处理植被覆盖引起的问题等。修复和加固工作应当根据问题的严重程度和紧急性有序进行，确保在最短的时间内恢复堤身的完整性。

在堤身的管理中，需要特别关注防渗措施。定期的防渗措施检查是确保堤身完整性的关键一环。通过检查渗水情况，可以早期发现可能的渗漏点，并采取相应的防渗补救措施，防止渗水问题进一步扩大。这包括对防渗材料的检查、渗水点的定位和修复等工作，以确保堤身在水文压力下保持密封性。

在堤身的养护计划制订中，科学性是至关重要的。根据不同季节和气候条件，制订合理的养护计划，包括巡视频率、检测项目、修复计划等。养护计划应当考虑水域生态环境的特殊性，确保在维护堤身的同时最大限度地减少对周边环境的影响。

（二）穿堤建筑物的管理与维护

穿堤建筑物，包括桥梁、涵洞等与河道相交叉的构筑物，是河道堤防系统中至关重要的组成部分。其管理与维护直接关系到水域通行的畅通性和结构的稳定性，因此，对这些建筑物的全面、科学管理是确保水域安全和交通畅通的必要措施。

定期的巡检工作对于穿堤建筑物的管理至关重要。通过巡检，可以全面了解穿堤建筑物的结构状况、存在的潜在问题以及维护需求。巡检应该包括对桥梁、涵洞等各种穿堤建筑物的物理结构、支撑系统、防护设施等多个方面的细致检查，以确保问题早被发现、早被处理。

特别需要关注的是在极端天气条件下的管理与维护。在暴雨、洪水等极端气象条件下，穿堤建筑物可能受到更大的水文压力和冲击，容易出现结构损伤或其他安全隐患。因此，在这些条件下，应当加强对穿堤建筑物的监测，确保其在极端条件下的安全性。这包括实时监测水位、流速，以及对建筑物结构的特殊巡检。

除了定期巡检外，紧急应对计划的制订也是不可或缺的一部分。在发生紧急情况时，如自然灾害引发的建筑物受损，应该迅速采取有效的救援和修复措施。制订详细的紧急应对计划，包括紧急联系人、应急物资准备、人员疏散方案等，以确保在最短时间内对问题做出响应，最大限度地减少可能的损失。

（三）防浪林的管理与维护

防浪林作为河道堤防的关键组成部分，在抵御风浪和减缓水流速度方面发挥着至关重要的作用。对防浪林的有效管理与维护，需要从多个方面进行全面考虑，包括植被的选择、植被的生长状况监测以及防浪林的修剪与更新等方面。

首先，植被的选择是防浪林管理的首要环节。在选择植被时，必须综合考虑植物的适应性、生长速度、根系结构等因素。合理选择植被种类，能够有效增强防浪林的抗风浪能力和水流减速效果。同时，应注重植被的多样性，以提高整体的生态稳定性。

其次，对植被的生长状况进行定期监测是维护防浪林的关键步骤。定期的植被检查有助于及时发现植被的病虫害、枯死情况等问题。一旦发现异常，应迅速采取科学的措施进行治理，以防止问题扩大，保持防浪林的良好状态。

最后，防浪林的修剪与更新是确保其长期有效的重要手段。修剪可以控制植被的密度，保持合理的生长高度，确保防浪林的抗浪性能。同时，根据植被的生长情况和实际防浪需要，制订科学合理的更新计划，保证防浪林始终保持最佳的抗浪和减速效果。

三、河道堤防的险情处理

“在水利工程的抗旱防洪体系中，水利堤防是防治洪水的主要挡水建筑物，在保护人们生命与财产安全中，占据着重要的地位。因此，为切实保障水利堤防的安全，最大限度地发挥防洪作用，需要掌握堤防存在的险情类别及其主要成因。”[①]堤防险情的种类很多，常见的主要有崩岸、裂缝、散浸、管涌、滑坡、漏洞、溃堤七种险情。现将其中几种险情的成因、处理措施分述如下。

（一）崩岸的处理

水流与河床相互作用导致河床演变时刻处于渐变过程中，当遇到大洪水时，巨大的动能会使河势发生较大的变化，在河道局部地段出现剧烈的横向变形，即称崩岸。

崩岸有条崩和窝崩两种形式，尤以窝崩的崩坍强度最大，对大堤的威胁也最严重。历次发生的崩岸及治理都给国民经济造成巨大的损失。一旦出现大强度的崩岸，抢险是十分困难和危险的。

要防止崩岸的发生，唯有平时对河道实施不断的监测、分析，对可能发生崩岸的河道及时采取护岸、护坡等综合治理措施。

崩岸多发生在退水期。当发生崩岸时，必须分析研究崩岸的原因，采取相应的措施。条崩多是深泓发展，逼近岸边，使岸坡变陡失稳所致。一般采用抛投块石、混凝土铰链沉排、土工织物砂模袋等办法进行护岸；窝崩多是受地物作用，形成折冲水流或漩涡，巨大的水能量使河床发生剧烈变化，当逼近岸坡时，即会造成窝崩。窝崩的抢险措施一般为抛投块石稳固窝口，使其不再继续扩大，对窝心采取沉排（树木、树枝）等措施。如果窝崩已崩至堤脚，危及堤防安全时，则应当立即退建大堤，以保安全。

（二）裂缝的处理

裂缝往往是滑坡的先兆，不容忽视。裂缝类型有龟裂缝、纵缝、横缝三种。

1.龟裂缝的处理

龟裂缝多是因堤身土质黏性较高，长期干旱，常会发生不规则的较细微的裂缝，称之为龟裂。

龟裂缝的处理方法：对较宽的缝可用细碎的壤土填缝，对较窄的细缝可在表面洒水、覆盖一层壤土后夯实。

2.纵缝的处理

纵缝是平行堤身的裂缝，一般是在堤肩、堤坡出现纵向较长、较宽的弧形裂缝，缝口有明显的高差，发展速度较快。纵缝是滑坡的初期迹象，若不及时处理，就可能发展成滑坡。产生的原因与滑坡相同（详见滑坡内容）。

① 李金朋.水利堤防险情的成因和抢护措施解析[J].科技创新与应用，2016（17）：211.

纵缝的处理方法：先用塑料薄膜保护缝口，防止雨水浸入缝口扩大险情；在缝口设观测断面，监测缝口宽度和缝口的高差变化。对稳定缝要及时开挖至缝底，重新分层回填夯实，回填土宜略高于原堤面；对非稳定缝必须尽快按滑坡治理措施处理（见滑坡处理）。

3.横缝的处理

横缝是指垂直于堤身的裂缝。产生的主要原因是堤基及堤身不均匀沉陷。多发生在堤基、堤身地质条件突变处、老河道堵口处、堤身分段填筑时的接头处、土堤与建筑物的接头处、临时破堤回填处等。横向裂缝特别是贯通缝，将严重危及堤身防洪安全，必须及时处理。

横缝的处理方法：洪水位以上的裂缝，应沿缝开挖后重新分层回填夯实；若洪水位以下还有裂缝并漏水，则应在迎水侧打桩筑外障，填土止水，并及时处理裂缝。漏水严重的应在背水侧筑反滤层或养水盆。为截断主裂缝两侧可能产生的次生裂缝，应在缝两侧挖掘键槽分层回填夯实，键槽长、宽、深度应依裂缝错动土体的范围确定。

（三）散浸的处理

散浸是指从堤背水坡或堤脚地面出现较轻微的渗水，渗水顶起的细小砂粒在坡面上缓慢流动或在孔内上下跳动而不流失的现象。散浸是渗透破坏的轻度表现，其产生的原因是在较高水位下，堤身的浸润线升高后，水从坡面或堤脚渗出造成的；降雨后堤脚四周因地下水位升高，往往也会造成大范围的散浸。

大面积严重的散浸会使堤坡软化，土体强度降低，若不及早处理，就会发展成流土或滑坡。

对散浸可按砂石反滤导渗的方法处理。反滤导渗的施工方法是：先备好导渗材料，在渗水坡面上开沟，沟深0.5m、底宽0.3m。根据散渗面的大小，布置水平和顺坡面的导渗沟。水平排水沟一般为两道，上道的位置可略低于散浸顶1m，下道一般布置在堤脚；顺坡面的导渗沟可做成人字形，沟的间距为5～8m。顺序应从两端开始，逐步向中间合龙。

导渗材料可用砂、石料；用土工布包碎石、碎砖；用芦柴外包一层稻草，扎成直径为40cm的草捆等。施工时挖沟、填砂石（草捆）反滤、还土覆盖要一气呵成。

（四）溃堤的处理

崩岸、裂缝、滑坡、管涌、漏洞、跌窝等险情若不能及时抢护，在高水位时都会演变成溃堤，一旦溃堤，口门的深度、宽度发展会很快，进行抢护就非常困难。此时防汛决策人员应按堤防的重要性、溃堤造成的损失、口门的现状、水情和自身抢险的能力（人力、物力、技术），决定是马上堵复还是等水退后再堵。马上堵复就是在急流中堵口，难度很大。水退后再堵是在静水中堵口，难度会小得多。现介绍急流堵口的方法。

1.溃堤抢护的准备

（1）保护好口门的两个裹头，避免因水流冲刷使口门继续扩大。

（2）探测口门处的流速、宽度、水深、水下地形，制订堵口方案：选择最佳的堵口位置（进建或退建），计算堵口材料。

（3）迅速调集堵口材料，如船只、草袋、麻袋、四棱混凝土块、钢丝绳、块石、碎石、土料等，筹备的数量须大于计算堵口材料的1.5～2倍。

2.溃堤抢护的方法

溃堤抢护的方法主要有立堵、平堵和混合堵三种：立堵是由龙口一端向另一端，或由两端同时向中间抛投截流物料进占的堵口方式；平堵是沿口门选定的堵口坝轴线，利用船只平抛物料，直至露出水面的堵口方式；混合堵是立堵和平堵相结合的方法。具体操作如下：

（1）沉船堵口法。如口门不大，水位差较小、水不太深时，可在口门上游下好锚后，用钢丝绳将装满砂石、袋装土的数艘船，慢慢放至溃口处后沉入水中。当沉船露出水面后，立刻用装块石的草袋、麻袋、六棱混凝土块等填塞孔隙，在基本断流的情况下，再逐步抛袋装土、黏土闭气至完全断流。沉船堵口的方式必须注意为下步堵口创造条件。

（2）钢木土石组合坝堵口法。

第一，护固坝头：先从决口两端坝头上游一侧开始，围绕坝头顺水流搭筑一排木桩，用铁丝连接固定，然后在木桩框架内填塞石子袋，以保护坝头。

第二，框架进占：①在两坝头开始用5cm的钢管设置钢框架数排向决口中心进占，钢管打斜支撑，使之成为一个整体；②沿数排钢框架上游边缘线将木桩植入河底1.5m深，间隔0.2～0.5m，再用铁丝将木桩与钢管绑扎紧固；③用袋装石子填塞木桩空隙，当高1m时，即对上、下游用袋装石子展开护坡。

第三，导流合龙：当龙口仅有15～20m时，进入关键时刻，须加大堵口的强度。应加密支撑杆件和木桩，加快袋装石填塞的速度，直至合龙。

第四，防渗固坝：组合坝合龙后，漏水量仍然很大，此时应在坝坡前抛置袋装土、黏土，逐步闭气，在确定组合坝足够牢固的情况下，才可用大雨布蒙在坝坡上。

第十章　河道建设的植物措施与治理技术

河道建设中的植物措施和治理技术是为了促进生态恢复、防止侵蚀、改善水质以及提高河道稳定性，从而达到促进河道生态系统健康的目的。本章探讨河道植物选择与管理、传统河道的治理措施、河道的放淤固堤技术。

第一节　河道植物选择与管理

一、河道植物的选择

植物是河道建设的重要材料，在河道发挥生态功能方面具有独特的、不可替代的作用。不同的植物种类在耐水性、耐旱性、耐盐性、观赏性、抗病性和固岸护坡、水质净化等方面存在显著差异，所以科学合理地选用适宜的植物种类对于应用植物措施进行河道生态建设是至关重要的。不同类型、不同功能的河道和河道的不同河段、不同坡位在土壤理化性质、河流坡降、水文地质、断面形式等方面也各不相同。因此，各地河道生态建设，应根据河道的主导功能和植物的生物生态学特性，因地制宜地选用优良的植物种类。

（一）河道植物选择的原则

河道生态建设植物措施的应用要充分考虑河道的特点和植物的生物生态学特性，并把两者有机地结合起来。植物种类的选择，应在确保河道主导功能正常发挥的前提下，遵循以下原则：

1.抗逆性

平原区河道，雨季水位下降缓慢，植物遭受水淹的时间较长，因此应选用耐水淹的植物，如水杉、池杉等；山丘区河道雨季洪水暴涨暴落、土层薄、砾石多、土壤贫瘠、保水保肥能力差，故需要选择耐贫瘠的植物，如构树、盐肤木等；沿海区河道土壤含盐量高，尤其是新围垦区开挖的河道，应选择耐盐性强的植物，如木麻黄、海滨木槿等。另外，河道岸顶和堤防坡顶区域往往长期受干旱影响，要选择耐干旱的植物，如合欢、野桐、黑麦草等。因此，须根据各地河道的实际情况，选用具有较强抗逆性的植物种类，否则植物很难生长或生长不良。采用抗病虫害能力强的植物种类，能降低管护成本。

2.生态适应性

植物的生态习性必须与立地条件相适应。植物种类不同，其生态习性必然存在着差异。因此，应根据河道的立地条件，遵循生态适应性原则，选择适宜生长的植物种类。比如，沿海区河道土壤含盐量较高，应选用耐盐性的植物种类，如木麻黄、柽柳、盐地碱蓬等，否则植物不易成活或生长不良。河道常水位附近土壤含水量较高，应选择耐水湿的植物种类，如水杉、银叶柳、蒲苇等。

3.生态功能优先

植物具有生态功能、经济功能等多种功能。从生态适应性的角度看，在同一条河道内应该有多种适宜的植物。河道生态建设植物措施的应用主要是基于植物固土护坡、保持水土、缓冲过滤、净化水质、改善环境等生态功能，因此，植物种类的选择应把植物的生态功能作为首要考虑的因素，根据实际需要优先选择在某些生态功能方面优良的植物种类，如南川柳、狗牙根等具有良好的固土护坡效果。另外，根据河道的主导功能和所处的区域不同，兼顾植物种类的经济功能，如山区河道可以选用生态经济植物杨梅、油桐等。

4.乡土植物为主

乡土植物是指当地固有的、自然分布于本地的植物。与外来植物相比，乡土植物最能适应当地的气候环境。因此，在河道生态建设中，应用乡土植物有利于提高植物的成活率，减少病虫害，降低植物管护成本。另外，乡土植物能代表当地的植被文化并体现地域风情，在突出地方景观特色方面具有外来植物不可替代的作用。乡土植物在河道建设中不仅具有一般植物的防护功能，而且具有很高的生态价值，有利于保护生物多样性和维持当地生态平衡。因此，选用植物应以乡土植物为主。外来植物往往不能适应本地的气候环境，成活率低，抗性差，管护成本较高，不宜大量种植。

外来植物中，有一些种类生态适应性和竞争力特别强，又缺少天敌，如果使用不当，可能会带来一系列生态问题，如凤眼莲、喜旱莲子草等，这类植物绝对不能采用。对于那些不会引起生态入侵的优良外来植物种类，是可以采用的。

（二）河道植物选择的要点

1.基于功能选择河道植物

一般来说，河道具有行洪排涝、交通航运、灌溉供水、生态景观等多项功能。某些河道因所处的区域不同，同时具有多项综合功能，但因其主导功能的差异，所采取的植物措施也应有所不同。

（1）行洪排涝河道。在设计洪水位以下选种的植物时，应以不阻碍河道泄洪、不影响水流速度、抗冲性强的中小型植物为主。由于行洪排涝河道在汛期水流较急，为防止植被阻流及植物被连根拔起，引起岸坡局部失稳坍塌，选用的植物的茎秆、枝条等，还应具有一定的柔韧性。例如，选用南川柳、木芙蓉、水团花等植物种类。

（2）交通航运河道。船舶在河道中航行，由于船体附近的水体受到船体的排挤，过水断面发生变形，引起流速的变化而形成波浪，这种波浪被称为船行波。当船行波传播到岸边时，波浪沿岸坡爬升破碎，岸坡受到很大的动水压力的作用，使岸坡遭到冲击。在船行波的频繁作用下，常常导致岸坡淘刷、崩裂和坍塌。在通航河道岸边常水位附近和常水位以下应选用耐水湿的树种和水生草本植物，如池杉、水松、香蒲、菖蒲等，利用植物的消浪作用削减船行波对岸坡的直接冲击，保护岸坡稳定。

（3）生态景观河道。对于生态景观河道植物种类的选用，在强调植物固土护坡功能的前提下，应考虑植物本身美化环境的景观效果。根据河道的立地条件，选择一些固土护坡能力较强的观赏性植物，如乌桕、蓝果树、木槿、美人蕉等。为构建优美的水体景观，应选用一些观赏性植物，如黄菖蒲、水烛、睡莲等。

2.基于河段选择河道植物

一条河流往往流经村庄、城市（镇）等不同区域。考虑河道流经的区域和人居环境对河道建设的要求，将河道进行分段。

（1）城市（镇）河段。城市（镇）河段是指流经城市和城镇规划区范围内的河段。河道建设除了满足行洪排涝要求外，通常有景观休闲的要求。

城市河道两岸滨水公园、绿化景观为城市创设了休憩的空间，对提升城市的人居环境，提高市民的生活质量具有十分重要的作用和意义。因此，城市河道应多选用具有较高观赏价值的植物种类，如垂柳、紫荆、鸡爪槭、萱草等。

另外，节点区域的河段，如公路桥附近、经济开发区、交通要道两侧等局部河段，对景观要求较高。可根据河道的主导功能，结合景观建设需要，多选用一些观赏性植物，如香港四照花、玉兰、紫薇、山茶花等。

（2）乡村河段。乡村河段是指流经村庄的河段，一般不宜进行大规模人工景观建设。流经村庄的乡村河段，可根据乡村的规模和经济条件，结合社会主义新农村建设，适当考虑景观和环境美化。因此，应多采用常见、价格便宜的优良水土保持植物，如苦楝、榔榆、桑树等。

（3）其他河段。其他河段是指流经的区域周边没有城市（镇）、村庄的山区河段，如果能够满足行洪排涝等基本要求，应维持原有的河流形态和面貌；流经田间的其他河段，主要采取疏浚整治措施以满足行洪排涝、供水灌溉的要求。这类河道应按照生态适用性原则，选用当地土生土长的植物进行河道堤（岸）防护，如枫杨、朴树、美丽胡枝子、狗牙根等。

3.基于坡位选择河道植物

从堤顶（岸顶）到常水位，土壤含水量呈现逐渐递增的规律性变化。因此，应根据坡面土壤含水量变化，选择相应的植物种类。从堤顶（岸顶）到设计洪水位，设计洪水位到常水位，常水位以下，土壤水分逐渐增多，直至饱和。因此，选用的植物生态类型应依次为中生植物、湿生植物、水生植物。

（1）常水位以下。常水位以下区域是植物发挥净化水体作用的重点区域。种植在常水位以下的植物不仅起到固岸护坡的作用，还应充分发挥植物的水质净化作用。常水位以下土壤水分长期处于饱和状态。因此，应选用具有良好净化水体作用的水生植物和耐水湿的中生植物，如水松、菖蒲、苦草等。另外，通航河段，为了减缓船行波对岸坡的淘刷，可以选用容易形成屏障的植物，如菰、芦苇等。而对于有景观需求的河段，可以栽种观叶、观花植物，如黄菖蒲、水葱、窄叶泽泻等。

（2）常水位至设计洪水位。常水位至设计洪水位区域是河岸水土保持、植物措施应用的重点区域。在汛期，常水位至设计洪水位的岸坡会遭受洪水的浸泡和水流冲刷；枯水期岸坡干旱，含水量低，山区河道尤其如此。此区域的植物应有固岸护坡和美化堤岸的作用。因此，应选择根系发达、抗冲性强的植物种类，如枫杨、细叶水团花、荻、假俭草等。对于有行洪要求的河道，设计洪水位以下应避免种植阻碍行洪的高大乔木。有挡墙的河岸，在挡墙附近区域不宜种植侧根粗壮的大乔木。

（3）设计洪水位至堤（岸）顶。设计洪水位至堤（岸）顶区域是河道景观建设的主要区域，起着居高临下的控制作用。土壤含水量相对较低，种植在该区域的植物夏季可能会受到干旱的危害。因此，选用的植物应具有良好的景观效果和一定的耐旱性，如樟树、栾树、构骨冬青等。

（4）硬化堤（岸）坡的覆盖。在河道建设中，为了满足高标准防洪要求，或是为了节约土地，或是为了追求形象的壮观，或是由于工程技术人员的知识所限，对有些河段或岸坡进行了硬化处理。为减轻硬化处理对河道景观效果带来的负面影响，可以选用一些藤本植物对硬化的区域进行覆盖或遮蔽，以增加河岸的“柔性”感觉。常用的藤本植物有云南黄馨、中华常春藤、紫藤、凌霄等。

二、河道植物的日常管理维护技术

（一）河道植物的病虫害防治

河道植物在生长发育过程中，容易遭受各种病虫害，轻者造成生长不良，失去固土护坡作用和观赏价值，重者植株死亡，造成经济损失和岸坡水土流失。因此，防治病虫害，要以预防为主，有效保护河道植物，使其减轻或免遭各种病虫害威胁。

1.病虫害的症状与识别

多数植物都会遭受害虫的影响，这些害虫种类繁多，会在植物上留下明显的症状，因此可以根据症状来大致判断病虫害的种类，从而有针对性地采取防治措施。受病虫害影响的常见症状如下：

（1）缺刻和穿孔。大部分食叶害虫为害植物的叶子后，会留下痕迹。根据为害方式的不同，痕迹也不同，主要包括：①害虫采用啮食方式为害，留下的痕迹为穿孔，如蓑蛾类、叶甲类、蝗虫类、蜗牛等；②害虫采用吞食方式为害，会使叶片产生缺刻，如刺蛾、天蛾、尺蛾等大多数鳞翅目害虫的幼虫、叶蜂类等。部分病原菌为害叶片也可形成穿孔，但病健交界处有明显痕迹。

（2）虫粪和排泄物。害虫取食后必然会排出虫粪或排泄物，不同害虫的排泄物是不同的。食叶害虫为害后会排出粪便，蛾类、蝶类等鳞翅目害虫的粪便是粒状的，而且根据粪粒的大小，可以判别虫体的大小；叶甲、蜗牛的粪便是条状的。蛀干害虫的粪便形状各有特点，天牛是木粉状或木丝状；木蠹蛾是堆粒状；

蝙蝠蛾呈粪包状；白蚁可筑成条状或片状的泥被。刺吸性害虫的排泄物因不同的种类而异，蚧虫、蚜虫、粉虱、木虱等能排出大量无色透明的液体，而网蝽、蓟马等能在叶背面排出褐色块状的排泄物。

（3）斑点。经刺吸性害虫抽吸树液后，破坏了植物的营养生理，并在寄主植物的叶片上出现斑点。不同种类的刺吸性害虫能形成不同的斑点，如蚧虫为害后，由于它长期定位吸汁，会产生黄色或红色的斑块；叶螨为害后，叶片上会出现成片的红褐色或黄白色的小斑点；网蝽、蓟马为害后，叶片上会出现黄色或白色的点状斑；叶蝉为害后，叶面会出现黄白色的不规则小斑。

（4）卷叶。有些害虫为害以后会使叶片产生卷曲现象，如榆卷叶蚜、海棠卷叶蚜、海桐蚜等；而有的害虫有卷叶为害的习性，如棉大卷叶螟、金钟卷叶蛾能把叶片卷成松散筒形；蔷薇卷叶象虫、沙朴卷叶象虫能把叶片卷成实心筒形等。

（5）缀叶。有些种类害虫有缀叶为害的习性。常见为害缀叶的害虫有樟丛螟和枫香丛螟，这类害虫常几条或几十条群集为害，并能吐丝缀叶，所以从外观上可见嫩枝和叶片结织成虫巢。

（6）虫瘿和伪虫瘿。有些刺吸性害虫为害后，可刺激植物组织形成虫瘿或伪虫瘿。如秋四脉绵蚜、榉四脉绵蚜、杭州新胸蚜等害虫为害后，会出现囊状虫瘿；蔷薇瘿蜂、紫楠瘿蜂等为害后，会出现球状虫瘿；朴盾叶木虱为害后会形成管状伪虫瘿；柳刺皮瘿螨为害后会出现成丛的不规则虫瘿。

（7）潜痕。有些害虫有潜叶为害的习性，由于它们潜入叶肉为害，会使叶片上出现不同形状的潜痕。潜叶为害的害虫有潜叶蛾，如柑橘潜叶蛾、樟潜叶细蛾；潜叶蝇，如蔷薇潜叶蝇、菊潜叶蝇；潜叶甲，如女贞潜叶跳甲、枸杞潜叶甲。

（8）枯梢。有些害虫或病原菌为害植物后会引起植物梢部营养疏导功能丧失，造成枯梢。如蔷薇茎蜂产卵后能使蔷薇、月季的嫩枝弯曲枯萎；紫薇切梢象虫为害后能切断紫薇嫩梢造成枯梢，桃食心虫、松切梢小囊蛀食后会使桃梢、松梢枯死；落叶松枯梢病、茶树枯梢病等引起梢部枯死。

（9）落叶和整株枯死。被天牛、白蚁、蝙蝠蛾、松干蚧等蛀干害虫为害后，植株的疏导功能被严重破坏，植株长势衰弱，叶子变小、早落，产生枯枝或全株枯死。

（10）病害。蚜虫、蚧虫、木虱等刺吸性害虫的排泄物中含有大量的碳水化合物，这是烟煤病生活的良好基质，所以这些害虫为害后可诱发烟煤病。另外，盾蚧的寄生可诱发膏药病，瘿螨的为害能形成毛毡病。

2.化学药剂的选择与使用

由于河道植物生长在水边，有的靠近村庄、道路和居民区，农药的使用容易造成水体和空气污染，应尽量根据不同病虫的为害特点，选择和使用高效低毒的新型化学药剂及生物农药，如吡虫啉、灭幼脲、阿维菌素、白僵菌、绿僵菌、苦参碱、印楝素、烟碱、鱼藤酮菊酯类农药等，减少对环境的污染和对人体健康的危害。同时可通过药剂使用方法的改进增强药效，减少农药的使用量，减少对生态环境的污染。在饮用水水源保护区的河道植物禁止使用有毒杀虫化学药剂。

用农药控制河道植物病虫害应尽量做到用药量要少，施药质量要高，防治效果要好，不发生药害，对有害生物不产生抗药性，对人畜、天敌及水生动物安全无害等，所以应遵循以下原则：

（1）对症下药。根据不同的防治对象、不同的时期选用适宜的农药品种、剂型和合适的浓度进行施药，这样才能收到良好的效果。否则，不但效果差，还会浪费农药，延误防治时机，甚至对农作物造成药害。例如，防治树木上的红蜘蛛，应在冬季清理落叶前喷洒0.8～1的波美度石硫合剂，降低越冬虫口基数。春梢和秋梢抽生后若发现为害，则可用40%水胺硫磷稀释1000～2000倍喷雾。

随着科学技术的发展，农药的新品种、新剂型不断涌现，要合理使用农药，还必须了解所使用农药的性能及使用方法，以便根据不同的防治对象，选用不同的农药。

（2）适时用药。必须根据病、虫情的调查和预测、预报，抓住有利时机，适时用药，这样才能发挥农药应有的效果。最好在幼（若）虫期用药，此时害虫的抗药力较弱，且未造成大的危害。如防治食心虫等蛀食性害虫，应在幼虫蛀入芽或枝条之前喷施药液，若已蛀入芽或枝条再防治，则防治效果较差。

（3）适量配药。任何种类的农药均须随着防治对象、生育期和施药方法的不同按标签上的推荐用量使用，不得任意增减。超过所需的用药量、浓度和次数，不仅会造成浪费，还容易产生药害，引起人畜中毒，加快抗药性的产生，过多地杀伤害虫的天敌和加重对环境、农副产品残留污染等。如果低于防治所需的用药量、浓度和次数，就达不到预期效果。因此，配药要适量，切不可随意增减。

（4）合理混用、交替用药。长期单一使用某一种或某类农药，易使害虫或病菌产生抗药性。合理混用农药不仅能兼治多种病虫害，省药省工，还可防止或减缓害虫或病菌产生抗药性。如将克螨特、双甲脒等杀螨剂分别与杀灭菊酯、溴氰菊酯等拟菊酯类农药混用，可有效地杀灭红蜘蛛和多种树木上的有害昆虫。在树木的整个生长季节，即使防治同一种病或虫，也不宜擅用同一种农药，而应几种农药交替使用，以提高防治效果，减缓病虫产生抗药性的速度。如拟菊酯类农药，在一个生长季节只能用1～2次，如使用次数过多则会加速害虫产生抗药性。

（5）注意安全。操作人员在配药、喷药时必须做好个人防护，防止农药污染皮肤，在中午高温时，不要喷毒性高的农药，连续喷药时间不能过长。在操作现场要保管好药液，防止人畜误食中毒。凡使用农药之前，必须阅读有关说明，了解使用剂量、使用浓度以及有关注意事项，确保安全，减少或避免药害。不同农药在施用后分解速度不同，为保证城市居民安全，残留时间长的品种应及时隔离并竖立警示标志，此外还要注意防止污染附近水源、土壤等。

（二）河道植物的整形与修剪

整形修剪可以调节和控制植物的生长、开花和结果，缓解生长与衰老更新之间的矛盾，调整叶片养分的关系，使增高生长与增粗生长保持一定比例，同时可以塑造河道植物树形，达到景观优美的效果。整形修剪适宜于景观河道和对景观要求较高的河段，如城镇河段、居民住宅区河段、公园河段等。整形修剪一般针对种植在坡顶上的植物，这些区域与人们距离较近，特别是坡顶为道路或人行道时，需要更加注意植物形态。需要整形的植物主要是一些灌木植物，如红叶石楠、小叶黄杨等，而修剪则大多针对高大乔木，如泡桐。坡面植物一般不需要进行人工整形修剪。

1.整形修剪的类型

不同的修剪、整形措施会带来不同的效果，因此不同植物种类要因其修剪整形的要求采取不同的措施，乔木类植物的整形修剪不同于灌木类和藤本类植物的整形修剪。

（1）乔木类。乔木类整形修剪主要有剪枝和截干。剪枝包括疏剪和剪截。疏剪是对树上的枯枝、病虫枝、交叉枝、过密枝从基部全部剪掉，以改善冠内通风透光条件。疏剪时，切口处必须靠节，剪口应在剪口芽的反侧，呈45°角倾斜，剪口应平整，如果簇生枝与轮生枝需要全部去掉的，应分次进行，以免伤口过多，影响树木生长，剪截主要对枝条先端的一部分枝梢进行处理，促发侧枝，并防止枝条徒长。生长期一般轻剪，休眠期一般重剪。截干是对茎或比较粗大的主枝、骨干枝进行截断，这种方法有促使树木更新复壮的作用。为缩小伤口，应自分枝点上部斜向下锯，保留分枝点下部的凸起部分，这样伤口最小，且易愈合。为防止伤口因水分蒸发或病虫害侵入而腐烂，应在伤口处涂保护剂，或用蜡封闭伤口，或包扎塑料布等加以保护，以促进愈合。

（2）灌木类。为了充分体现灌木类的观赏价值，根据各灌木种类的花期不同，进行相应的整形修剪。

春季开花，花芽（或混合芽）着生在二年生枝条上的花灌木，如碧桃、迎春花等是在前一年的夏季高温时进行花芽分化，经过低温阶段后于翌年春季开花，因此应在花残后、叶芽开始膨大尚未萌发时进行修剪。修剪的部位依植物种类及纯花芽或混合芽的不同而有所不同。碧桃、迎春花等可在开花枝条基部留2～4个饱满芽进行短截。

夏秋季开花，花芽（或混合芽）普遍生长在当年生枝条上的花灌木，应在休眠期进行重剪，仅留二年生枝基部2～3个饱满芽，其余全部剪除，促使其多发枝、发壮枝。

花芽（或混合芽）着生在多年生枝上的花灌木，如紫荆。对于这类灌木中进入开花年龄的植株，修剪应较小，在早春可将枝条先端枯干部分剪除，在生长季节为防止当年生枝条过旺而影响花芽分化可进行摘心，使营养集中于多年生枝干上。

花芽（或混合芽）着生在开花短枝上的花灌木，如西府海棠等，这类灌木早期生长势较强，当植株进入开花期时，多数枝条形成开花短枝，而且连年开花。这类灌木一般不进行大修剪，可在花期后剪除残花；夏季生长旺时适当摘心，抑制其生长，并对过多的直立枝、徒长枝进行疏剪。

一年多次抽梢，多次开花的花灌木，如月季，可于休眠期对当年生枝条进行短截或回缩强枝，同时剪除交叉枝、病虫枝、并生枝、弱枝及内膛过密枝。寒冷地区可进行强剪，必要时进行埋土防寒。生长期可多次修剪，也就是花期后在新梢饱满芽处短截（通常在花梗下方第2芽至第3芽处），剪口芽很快萌发抽梢，形成花芽开花，花谢后再剪。

观赏枝条及绿叶的灌木，应在冬季或早春进行重剪，以后轻剪，促使其多萌发枝叶。耐寒的观枝植物，可在早春修剪，以便冬枝充分发挥观赏作用。

（3）藤本类。其整形修剪主要由生长发育习性决定，主要类型有棚架式、凉廊式、篱垣式、附壁式和直立式，目前用于河道藤本植物的主要为附壁式和直立式。

第一，附壁式。只要将藤蔓引于墙面即可自行靠吸盘或吸附根而逐渐布满壁面，常见的植物有扶芳藤、常春藤等。修剪时应注意使壁面基部全部覆盖，各蔓枝在壁面上分布均匀，避免互相重叠交错。此方式修剪与整形最容易出现的问题就是基部空虚，不能维持基部枝条长期茂密。对此，应采取轻、重修剪以及曲枝诱引等综合措施加以纠正。

第二，直立式。对于一些茎蔓粗壮的种类，如紫藤等，可以修剪整形成直立式灌木。

2.整形修剪的方式

整形修剪的方式主要有人工式、自然式和人工混合式两种类型。

（1）人工式的整形修剪。人工式的整形修剪一般是按照景观园林的具体要求，将树冠剪成各种特定的形态，如多层式、螺旋式、圆球式、半圆式或倒圆式、悬垂式、U字形、扇形、叉形等，以达到美观的效果。

（2）自然式和人工混合式。自然式和人工混合式是指在树冠自然生长的基础上，进行适当的人工塑造，如杯状、头状和丛生状等。

第二节　传统河道的治理措施

一、传统河道的治理规划

（一）河道治理规划的原则

第一，全面规划。全面规划就是规划中要统筹兼顾上下游、左右岸的关系，调查了解社会经济、河势变化及已有的河道治理工程情况，进行水文、泥沙、地质、地形的勘测，分析研究河床演变的规律，确定规划的主要参数，如设计流量、设计水位、比降、水深、河道平面和断面形态指标等，提出治理方案。对于重要的工程，在方案比较选定时，还需进行数学模型计算和物理模型试验，拟订方案，通过比较选取优化方案，使实施后的效益最大。

第二，综合治理。综合治理就是要结合具体情况，采取各种措施进行治理，如修建各类坝垛工程、平顺护岸工程，以及实施人工裁弯或爆破、清障等。对于河道由河槽与滩地共同组成的河段，治槽是治滩的基础，治滩有助于稳定河槽，因此必须进行滩槽综合治理。

第三，因势利导。“因势”就是遵循河流总的规律性、总的趋势，“利导”就是朝着有利于建设要求的方向、目标加以治导。然而，“势”是动态可变的，而规划工作一般是依据当前河势而论，这就要求必须对河势变化做出正确的判断，抓住有利时机，勘测、规划、设计、施工，连续进行。

河流治理规划强调因势利导。只有顺乎河势，才能在关键性控导工程完成之后，利用水流的力量与河道自身的演变规律，逐步实现规划意图，以收到事半功倍的效果；否则，逆其河性，强堵硬挑，将会引起河势走向恶化，从而造成人力物力的极大浪费和治河纠纷。

第四，因地制宜。治河工程往往量大面广，工期紧张，交通不便。因此，在工程材料及结构形式上，应尽量因地制宜，就地取材，降低造价，保证工程需要。在用材取料方面，过去是土石树草，现在应注意吸纳各类新技术、新材料、新工艺，并应根据本地情况加以借鉴和改进。

（二）河道治理规划的要求

1.防洪的要求

防洪部门对河道的基本要求包括：①河道应有足够的过流断面，能安全通过设计洪水流量；②河道较顺畅，无过分弯曲或束窄段，在两岸修筑的堤防工程，应具有足够的强度和稳定性，能安全挡御设计的洪水水位；③河势稳定，河岸不因水流顶冲而崩塌。

2.航运的要求

从提高航道通航保证率及航行安全出发，航运对河流的基本要求包括：①满足通航规定的航道尺度，包括航深、航宽及弯曲半径等；②河道平顺稳定，流速不能过大，流态不能太乱；③码头作业区深槽稳定，水流平稳；④跨河建筑物应满足船舶的水上净空要求。

3.其他部门的要求

桥梁工程对河流的要求，主要是桥渡附近的河势应该稳定，防止因河道主流摆动造成主通航桥孔航道淤塞，或桥头引堤冲毁而中断运输。同时，桥渡附近水流必须平缓过渡，主流向与桥轴线的法向夹角不能过大，以免造成船舶在航行时撞击桥墩。

取水工程对河道的要求包括：①取水口所在河段的河势必须稳定；②河道必须有足够的水位，以保证设计最低水位的取水，这点对无坝取水工程和泵站尤为重要；③取水口附近的河道水流泥沙运动，应尽可能使进入取水口的水流含沙量较低，以避免引水渠道严重淤积，减少泵站机械的磨蚀。

（三）河流治理规划的内容

1.拟定防洪设计流量及水位

洪水河槽整治的设计流量，是指某一频率或重现期的洪峰流量，它与防洪保护地区的防洪标准相对应，该流量也称河道安全泄量。与之相应的水位，称为设计洪水位，它是堤防工程设计中确定堤顶高程的依据，此水位在汛期又称防汛保证水位。

中水河槽整治的设计流量，常采用造床流量。这是因为中水河槽是在造床流量的长期作用下形成的。通常取平滩流量作为造床流量，与河漫滩齐平的水位作为整治水位。该水位与整治工程建筑物如丁坝坝头高程大致齐平。

枯水河槽治理的主要目的是解决航运问题，其中特别是保证枯水航深问题。设计枯水位一般应根据长时间日均水位的某一保证率即通航保证率来确定。通航保证率应根据河流实际可能通航的条件和航运的要求，以及技术的可行性和经济的合理性来确定。设计枯水位确定之后，再求其相应的设计流量。

2.拟定治导线

治导线又称整治线，是布置整治建筑物的重要依据，在规划中必须确定治导线的位置。山区河道整治的任务一般仅需要规划其枯水河槽治导线。平原河道治导线有洪水河槽治导线、中水河槽治导线和枯水河槽治导线，中水河槽通常是指与造床流量相应的河槽，固定中水河槽的治导线对防洪至关重要，它既能控导中水流路，又对洪、枯水流向产生重要影响，对河势起控制作用。

河口治导线的确定取决于河口类型与整治目的。对有通航要求的分汊型三角洲河口，宜选择相对稳定的主槽作为通航河汊；对于喇叭形河口，治导线的平面形式宜自上而下逐渐放宽呈喇叭形，放宽率应能满足涨落潮时保持一定的水深和流速，使河床达到冲淤相对平衡；对有围垦要求的河口，应使口门整治与滩涂围垦相结合，合理地开发利用滩涂资源。

平原河道整治的洪水河槽一般以两岸堤防的平面轮廓为其设计治导线。两岸堤防的间距应经分析，使其能满足宣泄设计洪水和防止洪水期水流冲刷堤岸的要求。中水河槽一般以曲率适度的连续曲线和两曲线间适当长度的直线段为其设计治导线。有航运与取水要求的河道，需确定枯水河槽治导线，一般可在中水河槽治导线的基础上，根据航道和取水建筑物的具体要求，结合河道的边界条件来确定。一般应使整治后的枯水河槽流向与中水河槽流向的交角不大。

对平原地区的单一河道，其治导线沿流向是直线段与曲线段相间的曲线形态。对分汊河段，有整治成单股和双汊之分。相应的治导线即为单股，或为双股。由于每个分汊河段的特点和演变规律不同，规划时需要考虑整治的不同目的来确定工程布局。一般双汊道有周期性主、支汊交替问题，规划成双汊河道时，往往需根据两岸经济建设的现状和要求，兴建稳定主、支汊的工程。

3.拟定工程措施

在工程布置上，根据河势特点，采取工程措施，形成控制性节点，稳定有利河势，在河势基本控制的基础上，再对局部河段进行整治。建筑物的位置及修筑顺序，需要结合河势现状及其发展趋势来确定。以防洪为目的的河道整治，要保证有足够的行洪断面，避免过分弯曲和狭窄的河段，以免影响洪水宣泄，通过整治建筑物保持主槽相对稳定；以航运为目的的河道整治，要保证航道水流平顺、深槽稳定，具有满足通航要求的水深、宽度、河湾半径和流速流态，还应注意船行波对河岸的影响；以引水为目的的河道整治，要保证取水口段的河道稳定且无严重的淤积，使之达到设计的取水保证率。

（四）河流治理规划的步骤

第一，河道基本特性及演变趋势分析。河道基本特性及演变趋势分析包括对河道自然地理概况，来水、来沙特性，河岸土质、河床形态、历史演变、近期演变等特点和规律的分析，以及对河道演变趋势的预测。对拟建水利工程的河道上下游，还要就可能引起的变化做出定量评估。这项工作一般采用实测资料分析、数学模型计算、实体模型试验相结合的方法。

第二，河道两岸社会经济、生态环境情况调查分析。河道两岸社会经济、生态环境情况调查分析包括对沿岸城镇、工农业生产、堤防、航运等建设现状和发展规划的了解与分析。

第三，河道治理现状调查及问题分析。通过对已建治理工程现状的调查，探讨其实施过程、工程效果与主要的经验教训。

第四，河道治理任务与治理措施的确定。根据各方面提出的要求，结合河道特点，确定本河段治理的基本任务，并拟定治理的主要工程措施。

第五，治理工程的经济效益、社会效益、环境效益分析。治理工程的经济效益、社会效益、环境效益分析包括河道治理后可能减少的淹没损失，论证防洪经济效益；从治理后增加的航道和港口水深、改善航运水流条件、增加单位功率的拖载量、缩短船舶运输周期、提高航行安全保证率等方面，论证航运经济效益。此外，还应分析对取水、城市建设等方面的效益。

第六，规划实施程序的安排。治河工程是动态工程，具有很强的时机性。应在治理河道有利时机的基础上，对整个实施程序做出合理安排，以减少治理难度，节约投资。

二、传统河道的治理工程

“河道治理工程是一种公益性的水利措施，不仅可以抵御灾难，而且也能够保护周边人员的生命及财产安全。”[①]河道工程是重要的民生工程，因此当河道中存在对堤防、河岸和河床等稳定不利的现象时，必须根据具体情况采取工程措施进行治理。常见的传统河道治理工程如下：

（一）护岸工程

护岸工程是指为防止河流侧向侵蚀及因河道局部冲刷而造成的坍塌等灾害，在主流线偏离被冲刷地段的保护工程措施。其主要作用是：控制河道主流、保护河岸、稳定河势与河槽。护岸工程有平顺式、坝垛式、桩墙式和复合式等多种型式，其中前两者最为常用。平顺式即平顺的护脚护坡型式；坝垛式是指丁坝、顺坝、矶头或垛等型式。

1.平顺护岸工程

平顺护岸工程是用护岸材料直接保护岸坡并能适应河床变形的工程措施。平顺护岸工程以设计枯水位为界，其上部为护坡工程，作用是保持岸坡土体，防止近岸水流冲刷和波浪冲蚀以及渗流破坏；其下部为护脚工程，又称护底护根工程，作用是防止水流对坡脚河床的冲刷，并能随着护岸前沿河床的冲刷变形而自

① 孙新.山区河道治理工程研究[J].陕西水利，2022（06）：65.

动适应性地调整。

（1）护坡工程。护坡工程除受水流冲刷作用外，还要承受波浪的冲击力及地下水外渗的侵蚀。此外，因护坡工程处于河道水位变动区，时干时湿，因此要求建筑材料坚硬、密实、耐淹、耐风化。护坡工程的型式与材料很多，如混凝土护坡、混凝土异形块护坡，以及条石、块石护坡等。

块石护坡又分抛石护坡、干砌石护坡和浆砌石护坡三类。其中抛石和干砌石，能适应河床变形，施工简便，造价较低，故应用最为广泛。干砌石护坡相对而言，所需块石质量较小，石方也较为节省，外形整齐美观，但需手工劳动，要有技术熟练的施工队伍；抛石护坡可采用机械化施工，其最大的优点是当坡面局部损坏走石时，可自动调整弥合。因此，在我国一些地方，常常是先用抛石护坡，经过一段时间的沉陷变形，根基稳定下来后，再进行人工干砌整坡。

（2）护脚工程。护脚工程是抑制河道横向变形的关键工程，是整个护岸工程的基础。因其常年潜没水中，时刻都受到水流的冲击及侵蚀作用。其稳固与否，决定着整个护岸工程的成败。

护脚工程及其建筑材料要求能抵御水流的冲刷及推移质的磨损，具有较好的整体性并能适应河床的变形，要有较好的水下防腐性能，便于水下施工并易于补充修复等。

2.坝垛式护岸工程

坝垛式护岸工程主要有丁坝、顺坝和矶头（垛）等型式。

（1）丁坝。丁坝由坝头、坝身和坝根三部分组成，坝根与河岸相连，坝头伸向河槽，在平面上呈丁字形。

按丁坝坝顶高程与水位的关系，丁坝可分为淹没式和非淹没式两种。用于航道枯水整治的丁坝，经常处于水下，为淹没式丁坝；用于中水整治的丁坝，洪水期一般不全淹没，或淹没历时较短，这类丁坝可视为非淹没式丁坝。

根据丁坝对水流的影响程度，可分为长丁坝和短丁坝。长丁坝有束窄河槽，改变主流线位置的功效；短丁坝只起迎托主流，保护滩岸的作用，特别短的丁坝，又有矶头、垛、盘头之类。

丁坝的类型和结构型式很多。传统的有沉排丁坝、抛石丁坝、土心丁坝等。此外，近代还出现了一些轻型的丁坝，如井柱坝、网坝等。

（2）顺坝。顺坝又称导流坝。它是一种纵向整治的建筑物，由坝头、坝身和坝根三部分组成。顺坝坝身一般较长，与水流方向大致平行或有很小夹角。其顺导水流的效能，主要取决于顺坝的位置、坝高、轴线方向与形状。较长的顺坝，在平面上多呈微曲状。

（3）矶头（垛）。矶头（垛）这类工程属于特短丁坝，它起着保护河岸免遭水流冲刷的作用。这类型式的特短丁坝，在黄河中下游、干支流河道有很多。其材料可以是抛石、埽工或埽工护石。其平面形状有挑水坝、人字坝、月牙坝、雁翅坝、磨盘坝等。这种坝因坝身较短，一般无远挑主流作用，只起迎托水流、消杀水势、防止岸线崩退的作用。但是，如果布置得当，且坝头能连成一平顺河湾，则整体导流作用仍很可观。同时，由于施工简便，耗费工料不多，防塌效果明显，矶头（垛）在稳定河湾和汛期抢险中经常采用。特别是雁翅坝，因其效能较大而使用最多。

（二）裁弯取直工程

1.河道裁弯取直的原理

对于弯曲河段治理的方法，目前我国主要是采取裁弯取直的工程措施。但是，在河流进行裁弯取直时，将涉及很多不利的方面，所以采用河流的裁弯取直工程要经过充分论证，采取极其慎重的态度。河流的裁弯取直工程彻底改变了河流蜿蜒的基本形态，使河道的横断面规则化，使原来急流、缓流、弯道及浅滩相间的格局消失，水域生态系统的结构与功能也会随之发生变化。所以，在一些国家和地区，提出要把已经取直的河道恢复为原来自然的弯曲，还河流以自然的姿态。

2.河道裁弯取直的方法

根据多年治理河流的实践经验，河道裁弯取直的方法大体上可以分为两种：自然裁弯取直、人工裁弯取直。

（1）自然裁弯取直。当河环起点和终点距离很近时，洪水漫滩时由于水流趋向坡降最大的流线，在一定条件下，会在河漫滩上开辟出新的流路，沟通畸湾河环的两个端点，这种现象称为河流的自然裁弯。自然裁弯往往为大洪水所致，裁弯点由洪水控制，常会带来一定的洪水灾害现象。其结果可使河势发生变化，发生强烈的冲淤现象，给河流的治理带来被动，同时侵蚀农田等其他设施，在有通航要求的河道，还会严重影响航运。

（2）人工裁弯取直。人工裁弯取直是一项改变河道天然形状的大型工程措施，应遵循因势利导的治河原则，使裁弯新河与上、下游河道平顺衔接，形成顺乎自然的河势。常采用的方法是“引河法”。所谓“引河法”，即在选定的河湾狭颈处，先开挖一较小断面的引河，利用水流自身的动力使引河逐渐冲刷发展，老河自行淤废，从而使新河逐步通过全部流量而成为主河道。

3.裁弯工程规划设计要点

河流裁弯取直的效果如何，涉及各个方面，科学地进行裁弯工程的规划设计，掌握规划设计的要点是非常必要的。

（1）明确进行河道裁弯取直的目的，目的不同，所采用的裁弯线路、工程量和实施方法也不相同。

（2）对河道的上下游、左右岸、当前与长远、对环境和生态产生的利弊、对取得的经济效益、工程投资等方面，要进行认真分析和研究，使裁弯取直后的河道能很好地发挥综合效益。

（3）引河进口、出口的位置要尽量与原河道平顺连接。进口布置在上游弯道顶点的稍下方，引河轴线与老河轴线的夹角以较小为好。

（4）裁弯取直后的河道能与上下游河段形成比较平顺的衔接，可以避免产生河势的剧烈变化和长久不利的影响。

（5）人工河道裁弯取直是一项工程量巨大、投资较大、效果多样的工程，应拟订不同的规划设计方案进行优选确定。

（6）在确定规划设计方案后，需要对新挖河道的断面尺寸、护岸位置长度以及其他相关项目进行设计。

（7）河道裁弯取直通水后，需要对河道水位、流量、泥沙、河床冲淤变化等进行观测，为今后的河道管理提供参考。

（三）拓宽河道工程

拓宽河道工程主要适用于河道过窄的或有少数凸出山嘴的卡口河段。通过退堤、劈山等方式拓宽河道，扩大行洪断面面积，使之与上下游河段的过水能力相适应。拓宽河道的办法有：两岸退堤建堤防或一岸退堤建堤防、切滩、劈山、改道，当卡口河段无法退堤、切滩、劈山时，可局部改道。河道拓宽后的堤距，要与上下游大部分河段的宽度相适应。

第三节 河道的放淤固堤技术

一、河道施工阶段的质量控制

由于放淤固堤工程施工工艺不太复杂，质量便于控制，监理人员进行质量控制主要从以下方面进行：

第一，基础清理。放淤固堤工程的基础清理，主要清除基面和堤坡表层的草皮、树根、建筑垃圾等杂物，清理范围应大于淤区宽度的0.3m，承建单位应按施工堤线长度每20～50m确定一个点次，监理抽检按承建单位自检数目的1/3进行。由监理人员抽检合格后，方可开始放淤。

第二，围堤、格堤工程。监理人员应重点控制围堤、格堤工程施工质量，要参照碾压式土方的施工要求进行，压实度按0.85掌握。围堤断面须满足要求，以防止围堤溃决、塌方、漫溢事故发生，淹没农田村庄。

第三，淤区工程。监理人员要定期抽验土质、机械数量和性能。尾水含沙量控制在3kg/m^{3}以内。淤区泄水口的位置及高程应根据施工情况进行调整。在竣工验收时，淤区的高程偏差控制在0～0.3m。淤区的宽度应严格按照以下规定：淤区宽度小于50m时，允许偏差为±0.5m；淤区宽度大于50m时，允许偏差为±1m；淤区的平整度控制在500m^{2}内，高差小于0.3m。

第四，淤区包边盖顶。土质符合设计要求，包边厚度允许误差为±5cm，包边压实度按0.85掌握。

第五，排水工程。应尽量利用当地的自然排水沟（渠）系统，如排水确有困难的，应首先修通排水沟，或者结合群众灌溉需求，因地制宜地修筑排水渠道，使淤区排水畅通。

第六，附属工程。排水沟、植草、植树的施工，监理人员也要按规范严格要求。

二、放淤固堤施工的工艺流程

放淤固堤工程施工工艺流程大致如下：

第一，施工准备。主要包括：①编制施工工艺流程和开工报告；②场地布置；③技术交底；④机械设备；⑤施工放样；⑥三通一平。

施工准备完成之后，就报送放样资料，申请开工。

第二，施工阶段。主要包括：①基础处理；②格堤、围堤；③淤沙工程；④包边盖顶。

报送工序报验单，申请阶段检验，等待工程验收。

三、放淤固堤工程的施工程序

放淤固堤工程施工程序主要包括：①施工阶段，审查承包质量保证体系，审查施工工艺流程，检查机具、人员、试验设备是否进场，检查是否达到开工条件；②批准承包单位的工程开工报告；③基础、堤坡表面清除杂草、树根等杂物；④格堤、围堤压实度达到0.85；⑤淤沙工程抽验土质数量、性能，控制尾水含沙量在3kg/m^3以内，排水通畅；⑥黏土包边盖顶控制；⑦用旁站、测量、试验等方法逐层、逐段检验合格后签认，并进入下道工序；⑧检查承包工程放淤数量、压实、平整、高程、几何尺寸是否符合要求，组织工程验收；⑨检验合格由工程师签认，资料汇总归档。

结束语

随着全球水资源面临日益严峻的挑战，水利工程施工与河道维护的重要性越发凸显。本书不仅是对水利工程领域的全面梳理，更是对未来水资源管理与河道保护的深刻思考。本书深入研究了水利工程的各个层面，力求呈现出最前沿的理论观点和实践经验。

对水利工程领域的从业者、研究者以及学习者而言，本书不仅是一本全面的参考书，更是一份关于水资源可持续利用和河道健康管理的深入思考。希望读者能通过本书获得对水利工程与河道维护领域全景的洞见，启迪思考，推动学科的进一步发展。

参考文献

一、著作类

[1] 韩玉玲，岳春雷，叶碎高.河道生态建设：植物措施应用技术[M].北京：中国水利水电出版社，2009.

[2] 姬志军，邓世顺.水利工程与施工管理[M].哈尔滨：哈尔滨地图出版社，2019.

[3] 刘景才，赵晓光，李璇.水资源开发与水利工程建设[M].长春：吉林科学技术出版社，2019.

[4] 马振宇，贾丽炯.水利工程施工[M].北京：北京理工大学出版社，2014.

[5] 苗兴皓，高峰.水利工程施工技术[M].北京：中国环境出版社，2017.

[6] 钱波，郭宁，胡青龙，等.水利工程施工组织设计[M].北京：中国水利水电出版社，2012.

[7] 王文亮，王晓燕，崔姣利.水文与水资源管理[M].北京：北京工业大学出版社，2023.

[8] 谢文鹏，苗兴皓，姜旭民，等.水利工程施工新技术[M].北京：中国建材工业出版社，2020.

[9] 颜宏亮.水利工程施工[M].西安：西安交通大学出版社，2015.

[10] 郑月芳.河道管理[M].北京：中国水利水电出版社，2007.

二、期刊类

[1] 曹征强，孟剑伟.水利工程水闸施工的水力计算方法研究[J].陕西水利，2023（11）：155-156，159.

[2] 陈广华.河道采砂管理的创新模式研究[J].黑龙江水利科技，2021，49（12）：213.

[3] 邓佑清.水电站水轮机调速器的调试与维护措施[J].通讯世界，2023，30（03）：79-81.

[4] 高新颖.生态水利工程的河道规划设计[J].水上安全，2023（05）：74-76.

[5] 敬娜.水资源开发利用与城市水源规划分析[J].黑龙江水利科技，2018，46（10）：100.

[6] 李金朋.水利堤防险情的成因和抢护措施解析[J].科技创新与应用，2016（17）：211.

[7] 林观涛.水利工程水闸施工工艺流程与质控对策分析[J].工程技术研究，2023，8（20）：93-95.

[8] 刘春梅.水文化传承中的语言文学的作用和价值——《水文学与水文地质》[J].灌溉排水学报，2022，41（07）：153.

[9] 罗创.水利工程水闸施工技术的应用分析[J].水上安全，2023（09）：163-165.

[10] 毛振凯.关于水利工程混凝土坝渗漏研究分析[J].科技风，2013（13）：148.

[11] 石亚婷.水利工程施工进度管理[J].河南水利与南水北调，2019，48（04）：48.

[12] 舒开慧.水利工程质量监督检查中的常见问题与质量监督要点[J].四川建材，2023，49（09）：208-210.

[13] 隋军，陈培国.谈水利工程施工导流技术的应用管理[J].山东水利，2022（02）：64-66.

[14] 孙新.山区河道治理工程研究[J].陕西水利，2022（06）：65.

[15] 王春娟.浅谈水利工程渡槽基础承台施工[J].建材发展导向（下），2022，20（12）：126-128.

[16] 王翠娜.关于人工湿地污水处理技术在城市建设的应用探讨[J].中华建设，2022（09）：99.

[17] 王兆霞.水利工程水闸施工要点及质量管理方法研究[J].建筑与装饰，2023（03）：100-102.

[18] 徐丽丽.水环境监测技术分析与监测质量控制要点研究[J].皮革制作与环保科技，2023，4（02）：65.

[19] 许仙菊.水利工程质量监督全过程控制若干问题浅析[J].广东水利水电，2022（11）：91-94+100.

[20] 颜万坤.试论水利水电泵站基础施工技术应用[J].建筑与装饰，2022（15）：190-192.

[21] 杨晨熙.水利工程岩基灌浆施工技术研究[J].科技风，2018（16）：171.

[22] 杨剑.水电站水轮机安装探讨[J].机电信息，2016（06）：49–50.

[23] 杨洁.浅论水利工程质量管理中存在的问题及对策[J].珠江水运，2020（17）：90–91.

[24] 易煜人.小型水利工程质量监督困境问题及解决措施浅析[J].四川水利，2022（S2）：112–114.

[25] 张春光，张雪瑞.浅谈水利工程施工中的钻孔爆破技术[J].治淮，2022（11）：34–35.

[26] 张继武.生态水利工程的河道规划的设计分析[J].绿色环保建材，2021（04）：183.

[27] 张俊霞，颜学芝，赵莉.水利工程管理单位常见安全事故浅析[J].科技风，2015（19）：150.

[28] 张妍.水利工程碾压混凝土坝施工措施[J].黑龙江科学，2014，5（06）：155.

[29] 张宇.水利工程施工过程中碾压混凝土坝技术分析[J].科技创新与应用，2015（26）：227.

[30] 张志军.水利工程施工中的技术难点和对策[J].黑龙江科学，2014，5（06）：117.

[31] 赵彦龙，张冬.水文水资源领域技术的推广及应用[J].城市建设理论研究（电子版），2023（19）：160.

[32] 朱军，张旭晓.水利工程施工合同管理的过程分析[J].四川水利，2020（S1）：77.

[33] 左燕.水利水电泵站基础施工技术应用[J].世界家苑，2023（19）：177–179.